计算机信息网络安全与数据处理技术研究

艾 明 杨 静◎著

中国原子能出版社

图书在版编目（CIP）数据

计算机信息网络安全与数据处理技术研究 ／ 艾明，杨静著 ． -- 北京 ： 中国原子能出版社，2022.11
　　ISBN 978-7-5221-2539-8

　　Ⅰ．①计… Ⅱ．①艾… ②杨… Ⅲ．①计算机网络－网络安全－研究②数据处理－研究 Ⅳ．① TP393.08 ② TP274

中国版本图书馆 CIP 数据核字（2022）第 236996 号

计算机信息网络安全与数据处理技术研究

出版发行	中国原子能出版社（北京市海淀区阜成路 43 号　100048）	
责任编辑	杨晓宇	
责任印制	赵　明	
印　　刷	北京天恒嘉业印刷有限公司	
经　　销	全国新华书店	
开　　本	787 mm×1092 mm　　　1/16	
印　　张	12.75	
字　　数	235 千字	
版　　次	2024 年 1 月第 1 版	2024 年 1 月第 1 次印刷
书　　号	ISBN 978-7-5221-2539-8	**定　价** 72.00 元

作者简介

--◼

　　艾明，女，1982 年 11 月出生，河南省辉县市人，毕业于西安科技大学，本科学历，现在郑州升达经贸管理学院任讲师，高级工程师，研究方向为计算机科学与技术。

　　杨静，女，1983 年 2 月出生，河南省长垣县人，毕业于郑州大学升达经贸管理学院，本科学历，现在郑州升达经贸管理学院任讲师，研究方向为计算机技术。

◼--

前　言

　　计算机网络的发展和普及，为人类带来了新的工作、学习和生活方式，人们与计算机网络的联系也越来越密切。计算机网络系统使人类社会信息共享水平达到了新的高度。

　　但随着信息共享程度的加强，信息系统和计算机网络系统的安全问题也变得日益突出和复杂。在计算机网络的应用过程中，可能会遭到不同程度的侵害，其破坏形式的多样化、技术的先进和复杂化，令人防不胜防。

　　信息系统和计算机网络的安全问题是一项长期的、综合的系统工程，需要在网络安全技术和应用领域做长期的研究和规划。它不仅涉及技术问题，还涉及管理、法律和道德，因而是一个社会问题。

　　数据处理是实现空间数据有序化的必要过程，是检验数据质量的关键环节，是实现数据共享的关键步骤。数据处理的基本目的是从大量的、可能是杂乱无章的、难以理解的数据中抽取并推导出对于某些特定的人们来说是有价值、有意义的数据。

　　数据处理贯穿于社会生产和社会生活的各个领域，是人们对数据进行的分类、组织、编码、存储、查询和维护等活动，是数据处理中的关键环节。其目的在于充分发挥数据的作用。

　　因此，如何计算机的信息网络安全、如何利用计算机进行数据处理，是当前需要研究的两个问题。

　　本书第一章为计算机概述，分别介绍了计算机的发展历史、计算机系统的组成、计算机技术的应用三个方面的内容；本书第二章为计算机信息网络安全，主要介绍了三个方面的内容，依次是计算机信息安全概述、计算机信息系统面临的威胁、信息安全的技术环境；本书第三章为计算机信息网络安全技术，分别介绍了六个方面的内容，依次是数字加密与认证技术、防火墙技术、操作系统安全技术、数据安全技术、病毒防治技术、局域网安全技术；本书第四章为计算机数据处理，依次介绍了计算机数据、计算机数据结构、计算机数据处理概述三个方面的内容；本书第五章为计算机数据处理技术，主要介绍了四个方面的内容，分别是程序设计技术、数据排序、数据查找与检索、数据处理系统开发。

在撰写本书的过程中，作者得到了许多专家学者的帮助和指导，参考了大量的学术文献，在此表示真诚的感谢！本书内容系统全面，论述条理清晰、深入浅出。

限于作者水平有限，加之时间仓促，本书难免存在一些疏漏，在此，恳请同行专家和读者朋友批评指正！

作者

目录

第一章 计算机概述

计算机是一种能对各种信息进行存储和高速处理的现代化电子设备。计算机的出现是 20 世纪人类最伟大的科技发明之一，是人类科学技术发展史的里程碑。计算机科学与技术的发展和广泛应用，正深刻地改变着人类的社会生产方式和生活方式，成为信息社会的重要支柱。在 21 世纪，掌握计算机知识并具备较强的计算机应用能力和计算思维能力，是人们必备的基本素质之一。

第一节 计算机的发展历史

现代计算机的历史开始于 20 世纪 40 年代后期。一般认为，第一台真正意义上的电子计算机是 1946 年在美国宾夕法尼亚大学诞生的名为 ENIAC 的计算机。但是应该看到，计算机的诞生并不是一个孤立事件，它是几千年人类文明发展的产物，是长期的客观需求和技术准备的结果。

一、计算、算法的概念

计算机是当代最伟大的发明之一。自从人类制造出第一台电子数字计算机，迄今已 70 余年。经过这么多年的发展，现在计算机已经几乎应用到人类社会的每一个方面。人们用计算机上网冲浪、写文章、打游戏或听歌、看电影，用计算机管理企业、设计制造产品或从事电子商务。大量机器被计算机控制，手机与电脑之间的差别越来越小，计算机似乎无处不在、无所不能。

我们来看一个常见任务——用计算机写文章是如何解决的。为了解决这个问题，首先需要编写具有输入、编辑、保存文章等功能的程序，例如微软公司的 Word 程序。如果这个程序已经存入我们计算机的次级存储器（磁盘），通过双击 Word 程序图标等方式可以启动这个程序，使该程序从磁盘被加载到主存储器中。然后 CPU 逐条取出该程序的指令并执行，直至最后一条指令执行完毕，程序即宣告结束。在执行过程中，有些指令会建立与用户的交互，例如用户利用键盘输入或删除文字，利用鼠标点击菜单进行存盘或打印等。就这样，通过执行成千上万条简单的指令，最终解决了用计算机写文章的问题。针对一个问题，设计出解决问题的程序（指令序列），并由计算机来执行这个程序，这就是计算（Computation）。通过计算，使只会执行简单操作的计算机能够完成复杂的任务，这就是算法。算法（Algorithm）是指对解题方案准确而完整的描述，是一系列解决问题的清晰指令，算法代表着用系统的方法描述解决问题的策略机制。也就是说，能够对一定规范的输入，在有限时间内获得所要求的输出。如果一个算法有缺陷，或不适合于某个问题，执行这个算法将不会解决这个问题。不同的算法可能用不同的时间、空间或效率来完成同样的任务。一个算法的优劣可以用空间复杂度与时间复杂度来衡量。

二、计算机体系结构及主要功能

计算机是由各种电子元器件组成的，是能够自动、高速、精确地进行算术运算、逻辑控制和信息处理的现代化设备。自从诞生以来，已被广泛应用于科学计算、数据（信息）处理和过程控制等领域。

计算机的诞生过程，离不开英国数学家艾兰·图灵和匈牙利科学家冯·诺依曼，他们是现代计算机科学的奠基者，对现代计算机的发展有着深远的影响。

（一）图灵机

英国数学家艾兰·图灵（Alan Mathison Turing，1912—1954 年）是世界上公认的计算机科学奠基人，他的主要贡献有两个：一是建立图灵机（Turing Machine，TM）模型，奠定了可计算理论的基础；二是提出图灵测试，阐述了机器智能的概念。为纪念图灵对计算机科学的贡献，美国计算机学会在 1966 年创立了"图灵奖"，每年颁发给在计算机科学领域作出重大贡献的研究人员，堪称计算机业界的诺贝尔奖。

"图灵机"想象使用一条无限长度的纸带子，带子划分成许多格子。如果格子里画条线，就代表"1"；空白的格子则代表"0"。想象这个"计算机"还具有读写功能，既可以从带子上读出信息，也可以往带子上写信息。计算机仅有的运算功能是每把纸带子向前移动一格，就把"1"变成"0"，或者把"0"变成"1"。"0"和"1"代表着在解决某个特定数学问题中的运算步骤，"图灵机"能够识别运算过程中的每一步，并且能够按部就班地执行一系列的运算，直到获得最终答案。

"图灵机"是一个虚拟的"计算机"，完全忽略硬件状态，考虑的重点是逻辑结构。图灵在他的文章里，还进一步设计出被人们称为"万能图灵机"的模型，它可以模拟其他任何一台解决某个特定数学问题的"图灵机"的工作状态，他甚至还想象在带子上存储数据和程序，"万能图灵机"实际上就是现代通用计算机的最原始的模型。图灵的文章从理论上证明了制造出通用计算机的可能性。美国的阿坦纳索夫在1939年研究制造了世界上的第一台可计算的机器ABC，采用了二进制，电路的开与合分别代表数字0与1，运用电子管和电路执行逻辑运算等。而冯·诺依曼在20世纪40年代研制成功了功能更强、用途更为广泛的电子计算机，并且为计算机设计了编码程序，还实现了运用纸带存储与输入。至此，图灵在1936年发表的科学预见和构思得以完全实现。

（二）冯·诺依曼机

从20世纪初，物理学和电子学科学家们就在争论制造可以进行数值计算的机器应该采用什么样的结构，人们被十进制这个人类习惯的计数方法所困扰。20世纪30年代中期，冯·诺依曼大胆地提出，抛弃十进制，采用二进制作为数字计算机的数制基础。同时，他还提出预先编制计算程序，然后由计算机来按照人们事前制定的计算顺序来执行数值计算工作。

1945年6月，冯·诺依曼提出了在数字计算机内部的存储器中存放程序的概念（Stored Program Concept），这是所有现代电子计算机的模板，被称为"冯·诺依曼结构"，按照这一结构建造的计算机称为存储程序计算机（Stored Program Computer），又称为通用计算机。

世界上第一台电子计算机 ENIAC（Electronic Numerical Integration And Calculator，电子数字积分计算机）于 1946 年 2 月在美国宾夕法尼亚大学研制成功。在 ENIAC 的研制过程中，冯·诺依曼针对它存在的问题，提出了一个全新的通用计算机方案。在这个方案中，冯·诺依曼提出了三个重要设计思想。

（1）计算机由五个基本部分组成：运算器、控制器、存储器、输入设备和输出设备。

（2）采用二进制形式表示计算机的指令和数据。

（3）"存储程序"原理：计算机在执行程序前须先将要执行的相关程序和数据放入内存储器中，计算机启动时，控制器自动从存储器中取出指令，分析后执行指令，然后再取出下一条指令并执行，如此循环下去直到程序结束指令时才停止执行。

我们知道，现代计算机硬件系统主要由运算器、控制器、存储器、输入及输出设备组成。每个功能部件各尽其责、协调工作。

（1）运算器：实现算术运算、关系运算和逻辑运算。

（2）控制器：用来实现对整个运算过程的协调控制，控制器和运算器一起组成了计算机核心，称为中央处理器（Central Processing Unit，CPU）。

（3）存储器：用来存放程序和参与运算的各种数据。使用时，可以从存储器中取出信息，不破坏原有的内容，这种操作称为存储器的读操作；也可以把信息写入存储器，原来的内容被覆盖，这种操作称为存储器的写操作。

（4）输入设备：负责将程序和数据输入计算机中。

（5）输出设备：负责将程序、数据、处理结果和各种文档从计算机中输出。

中央处理器和主存储器构成了计算机主体，称为主机；把输入及输出设备（I/O 设备）和外存储器称为外部设备，简称外设。外设与主机之间的信息交换是通过 I/O 接口实现的。也可以说，计算机硬件系统是由主机和外设组成的。

现代计算机多遵循冯·诺依曼计算机体系结构，各部件之间的数据流、控制流和反馈流如图 1-1-1 所示。在图中，将控制流和反馈流使用一种符号描述出来。

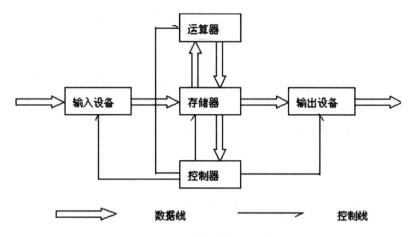

图 1-1-1 现代计算机体系结构

冯·诺依曼机的主要思想是存储程序和程序控制。其工作原理是：程序由指令组成，并和数据一起存放在存储器中，计算机一经启动，就能按照程序指定的逻辑顺序把指令从存储器中读取并逐条执行，自动完成指令规定的操作。

根据存储程序的原理，计算机解题过程就是不断引用存储在计算机中的指令和数据的过程。只要事先存入不同的程序，计算机就可以实现不同的任务，解决不同的问题。

后来，根据冯·诺依曼机的工作原理，人们将计算机的工作过程归纳为输入、处理、输出和存储四个过程，在程序的指挥下，计算机根据需要决定执行哪一个步骤。

（三）冯·诺依曼机结构的局限性

早期的计算机是以数值计算为目的开发的，所以基本上是以冯·诺依曼理论为基础的冯·诺依曼机，其工作方式是顺序的。当计算机越来越广泛地应用于非数值计算领域，处理速度成为人们关心的首要问题时，冯·诺依曼机的局限性就逐渐显露出来了。

冯·诺依曼机结构的最大局限就是存储器和中央处理器之间的通路太狭窄，每次执行一条指令，所需的指令和数据都必须经过这条通路。由于这条狭窄通路的阻碍，单纯地扩大存储器容量和提高 CPU 速度的意义不大，因此人们将这种现象称为"冯·诺依曼瓶颈"。

冯·诺依曼机本质上采取的是串行顺序处理的工作机制，即使有关数据已经准备好，也必须逐条执行指令序列，而提高计算机性能的根本方向之一是并行处理。因此，近年来人们在谋求突破传统冯·诺依曼瓶颈的束缚，这种努力被称为非冯·诺依曼化。

三、不同时代计算机采用的电子器件

计算机的发展，从一开始就和电子技术，特别是微电子技术密切相关。人们通常按照构成计算机所采用的电子器件，划分若干"代"来标志计算机的发展。计算机的发展经历了四代：电子管计算机、晶体管计算机、集成电路计算机和大规模或超大规模集成电路计算机，见表 1-1-1。目前，各国正加紧研制和开发下一代"非冯·诺依曼"计算机。

表 1-1-1 计算机发展史

时间	代别	主要逻辑原件	使用的软件
1946—1957 年	一	电子管	机器语言、汇编语言
1958—1964 年	二	晶体管	高级语言、监控程序、简单操作系统
1965—1970 年	三	集成电路	功能较强的操作系统、会话式语言
1970 年至今	四	大规模或超大规模集成电路	软件工程的研究与应用、数据库、语言编译系统和网络软件

现代计算机的发展方向主要有两个：一是向着巨型化、微型化、多媒体化、网络化和智能化五种趋势发展；二是朝着非冯·诺依曼结构模式发展。

下面是计算机发展的五种趋势。

（1）巨型化是指计算机向高速度、高精度、大容量、功能强方向发展。主要应用于航空航天、气象、人工智能等科学领域。

（2）微型化是指计算机向功能齐全、使用方便、体积微小、价格低廉方向发展。在医疗诊断、手术、仪器设备的"智能化"等方面都有具体应用。

（3）多媒体化，即多媒体的普及应用化，多媒体不是多种媒体的简单集合，而是以计算机为中心把处理多种媒体信息的技术集成在一起，是用来扩展人与计算机交互方式的多种技术的综合，实质就是使人们利用计算机以更接近自然的方式交换信息。主要应用领域有知识学习、电子图书、商业及家庭应用、远程医疗、视频会议等。

（4）网络化是指用通信线路把各自独立的计算机连接起来，形成各计算机用户之间可以相互通信并使用公共资源的网络系统。计算机连接成网络，可以实现信息交流、资源共享。

（5）智能化是指使计算机具有人的智能，能够像人一样思考。智能化是新一代计算机要实现的目标。

另外一个发展方向，非冯·诺依曼结构计算机主要是指生物计算机、量子计算机、人工神经网络计算机等。

生物计算机是将生物工程技术产生的蛋白质分子作为原材料制成生物芯片，该芯片具有存储能力超强、处理速度极快、能量消耗极小的特点。由于蛋白质分子具有自我组合能力，所以生物计算机具有自调节、自修复、自再生能力，易于模拟人脑的功能。生物计算机是人类期望在 21 世纪完成的伟大工程，目前的研究方向大致是两个：一是研制分子计算机，即制造有机分子元件去替代半导体逻辑元件和存储元件；二是深入研究人脑结构和思维规律，再构想生物计算机的结构。科学家们普遍认为，由于成千上万个原子组成的生物大分子非常复杂，其难度非常大，因此要研制出可实际应用的生物计算机还有很长的路要走。

量子计算机是一类遵循量子力学规律进行高速数学和逻辑计算、存储及处理量子信息的物理装置。当某个装置处理和计算的是量子信息，运行的是量子算法时，它就是量子计算机。量子计算机具有天然的"大规模并行计算"的能力，并行规模随芯片上集成量子位数目的增加呈指数增加，因此量子计算的并行规模实际上是不受限制的。美国国防部高级研究计划署制订了"量子信息科学和技术发展规划"。该计划中，美国陆军计划到 2020 年在武器上装备量子计算机。同时，欧洲和日本也在量子计算机方面进行了大量的研究。

光子计算机是利用光子代替电子、光互联代替导线互联的数字计算机。具有传播速度快、无需物理连接等优点。

第二节　计算机系统的组成

计算机系统包括硬件系统和软件系统两大部分。计算机硬件系统包括组成计算机的所有电子、机械部件和设备，是计算机工作的物质基础。计算机软件系统包括所有在计算机上运行的程序以及相关的文档资料，只有配备完善而丰富的软件，计算机才能充分发挥其硬件的作用。

一、计算机的特点和功能

计算机的形式、配置多种多样，但都具有数据处理、数据存储及数据传输的基本功能。计算机的产生及发展为人类社会的进步及快速发展奠定了一定基础，也为人类信息化的发展注入了润滑剂。计算机之所以能够快速发展，除了具有体积小、质量轻、耗电少等特点，还有如下重要的特点。

（1）自动运行程序

计算机可以在特定的程序下，自动、连续地高速运算。用户只要根据应用的需要，事先编制好程序并输入计算机即可。

（2）运算速度快

现在普通的微型计算机每秒可执行几十万条指令，而巨型机的运算速度则达到每秒千万次以上。例如，天气预报，由于需要分析大量的气象数据，单靠手工完成计算是不可能的，而用巨型计算机只需几分钟即可完成。

（3）运算精度高

计算机采用二进制数字进行计算，因此可以用增加表示数字的设备和运用计算技巧等手段，使数值计算的精度越来越高，可根据需要获得千分之一到几百万分之一甚至更高的精度。

（4）具有记忆能力

计算机的存储器类似于人的大脑，可记忆大量的数据和计算机程序。现代计算机的内存储器容量已达到几千兆字节甚至更大，而外存储器也有惊人的容量。

（5）具有逻辑判断能力

逻辑判断是计算机的又一重要特点，是计算机能实现信息自动处理的重要原因。冯·诺依曼型计算机就是将程序预先存储在计算机中。在程序执行过程中，计算机根据处理结果，能运用逻辑判断能力自主决定应该执行哪一条指令。

（6）可靠性高

随着微电子技术和计算机技术的发展，现代电子计算机连续无故障运行时间可达到几十万小时，具有极高的可靠性。

（7）支持人机交互

计算机具有多种输入输出设备，配上适当的软件后，可支持用户进行方便的人机交互，当这种交互性与声像技术结合形成多媒体用户界面时，可使用户的操作自然、方便、丰富多彩。

（8）通用性强

计算机可以将任何复杂的信息处理任务分解成一系列的基本算术运算和逻辑运算，放置在计算机的指令操作中。按照各种规律要求的先后次序把它们组织成各种不同的程序，存入存储器中。也可以将这些程序放置在不同的操作系统或者计算机中执行。

二、计算机硬件

微型计算机硬件系统通常被封装在主机箱内。计算机硬件主要包括主板、总线微处理器（CPU）、存储器系统、外部设备等部分。

（一）主板

主板又称为系统主板，是位于主机箱内的一块大型多层印制电路板，其上有 CPU 插槽、内存槽、高速缓存、控制芯片组、总线扩展（ISA、PCI、AGP）槽、外设接口（键盘口、鼠标口、COM 口、LPT 口、GAME 口）、CMOS 和 BIOS 控制芯片等部件，主要部件如图 1-2-1 所示。

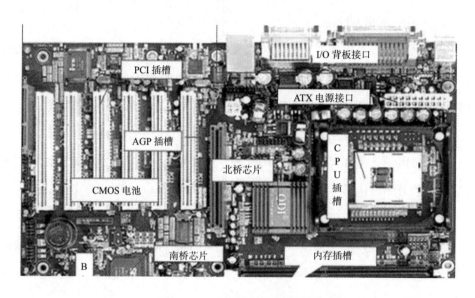

图 1-2-1　主板的主要组成部件

主板的主要功能是：提供安装 CPU、内存条和各种功能卡的插槽；提供常用外部设备的通用接口。

目前，主板整合技术是发展趋势，其原理是将一般单独配置的显卡、声卡、调制解调器（Modem）、网卡 JEEE1394 等设备接口集成在主板上，以提高产品的兼容性和性价比。

目前，主板结构有三种：ATX、Micro-ATX 和 Mini-ATX。ATX 通常称为大板，插槽、做工、用料都比较多，占用面积大，功能强。Micro-ATX 通常称为小板，Micro-ATX 规格被推出的最主要目的是降低个人计算机系统的总体成本与减少计算机系统对电源的需求量。ATX 主板和 Micro-ATX 主板需要配置不同尺寸的机箱，还需要考虑机箱的接口位置是否合适。Mini-ATX 是一种结构紧凑的主板，适用于小空间、低成本的计算机，如用在一体机、家庭影院、汽车、机顶盒以及网络设备中的计算机。主板主要部件的介绍如下所述。

1. 芯片组

芯片组是主板的灵魂，作用是在 BIOS 和操作系统的控制下，按照统一规定的技术标准和规范为计算机中的 CPU、内存、显卡等部件建立可靠的安装、运行环境，为各种接口的外部设备提供可靠的连接。

2. BIOS 和 CMOS

BIOS 的全称是 ROM-BIOS，意思是只读存储器基本输入 / 输出系统，主要负责对基本 I/O 系统进行控制和管理，用户可以利用 BIOS 对计算机的系统参数进行设置。CMOS 是用电池供电的可读写的 RAM 芯片，用来保存当前系统的硬件配置和用户对某些参数的设定。

3. 扩展插槽

扩展插槽是主板上用于固定扩展卡并将其连接到系统总线上的插槽，主要有 CPU 插槽、内存插槽、ISA 插槽、PCI 插槽、AGP 插槽、Wi-Fi 插槽，以及便携式计算机专用的 PCMCIA 插槽等。

PCI 插槽可插接显卡、声卡、网卡以及其他种类繁多的扩展卡，AGP 插槽专门用于图形显示卡，Wi-Fi 插槽可以实现无线网络的功能。

扩展插槽是一种添加或增强计算机特性及功能的方法。例如，如不满意主板整合显卡的性能，可以添加独立显卡以增强显示性能；如果不满意板载声卡的音质，可以添加独立声卡以增强音效。

4. 输入 / 输出接口

接口是指不同设备为实现与其他系统或设备连接和通信而具有的对接部分。微型计算机接口的作用是使主机系统能与外部设备、网络以及其他的用户系统进行有效连接，以便进行数据和信息交换。例如，鼠标采用串行方式与主机交换信息，扫描仪采用并行方式与主机交换信息。

输入及输出接口简称 I/O 接口，是 CPU 与外部设备之间交换信息的连接电路。CPU 与外部设备的工作方式、速度和信号类型各有不同，通过 I/O 接口电路的变换作用就可以将二者匹配起来。

I/O 接口分为总线接口和通信接口两类。当 CPU 需要与外部设备或用户电路之间进行数据、信息交换以及控制操作时，应使用微型计算机总线把外部设备和用户电路连接起来，这时就需要使用微型计算机总线接口；当微型计算机系统与其他系统直接进行数字通信时则使用通信接口。

总线接口是一种总线插槽，供用户插入各种功能卡，实现外部设备或用户电路与系统总线的连接。

通信接口通常分为串行接口和并行接口。

串行接口的特点是传输稳定、可靠，传输距离长，但数据传输速率较低。串行接口标准是 RS-232C 标准，用来外接低速的鼠标或调制解调器（Modem）的 COM1、COM2 接口。

并行接口的特点是传输距离短、数据传输速率较大、协议简单、易于操作。并行接口用来外接高速的打印机、扫描仪等设备，标记为 LPT1 或 PRN。

近年出现了许多新的接口标准，如 USB 接口，是一种通用串行总线接口，最多支持 127 个外设。目前可以通过 USB 接口连接的设备有扫描仪、打印机、鼠标、键盘、移动硬盘、数码相机、音箱，甚至还有显示器。

5. 供电电路

主板的供电部分主要是指 CPU 供电电路、内存供电电路、芯片组供电电路等，也可连接电源插座。

（二）总线

总线是计算机内部传输指令、数据和各种控制信息的高速通道。总线是一种内部结构，它是 CPU、内存、输入设备和输出设备传递信息的公用通道，主机的各个部件通过总线相连接，外部设备通过相应的接口电路再与总线相连接，从而形成了计算机硬件系统。总线结构的发展是与 CPU 的发展相关联的，其目的是让数据传输率与 CPU 的速度相匹配。

按总线传送信息的类别，总线可分为地址总线（Address Bus，AB）、数据总线（Data Bus，DB）和控制总线（Control Bus，CB），分别用来传输数据、数据地址和控制信号。

（三）微处理器 CPU

1.CPU 的定义

CPU（Central Processing Unit）的中文名称是中央处理器，由运算器和控制器组成。CPU 负责系统的算术运算和逻辑运算等核心工作，并将运算结果分送到内存或其他部件，以控制计算机的整体运作。CPU 主要工作过程为，CPU 从存储器或高速缓冲存储器中取出指令，放入指令寄存器，并对指令译码执行指令。

2.CPU 的主要性能指标

CPU 的主要性能指标有时钟频率和字长。CPU 的标准工作频率就是人们常说的"主频"，以兆赫兹（MHz）为单位计算，CPU 的主频表示 CPU 内数字脉冲信号振荡的速度，与 CPU 实际的运算能力是没有直接关系的。外频是 CPU 的基准频率，单位也是 MHz，代表 CPU 与主板之间同步运行的速度。倍频是指 CPU 主频与外频之间的相对比例关系。在相同的外频下，倍频越高则 CPU 的频率也越高。CPU 的主频、外频和倍频之间的关系为：主频 = 外频 × 倍频。

3.CPU、GPU 与 APU

CPU 英文全称 Central Processing Unit，中文名称是"中央处理器"，如图 1-2-2 所示。GPU 英文全称 Graphic Processing Unit，中文名称为"图形处理器"。GPU 相当于专用于图像处理的 CPU，在处理图像时它的工作效率远高于 CPU。但是 CPU 是通用的数据处理器，处理数值计算是它的强项，它能完成的任务是 GPU 无法代替的，所以不能用 GPU 来代替 CPU。在 GPU 方面领先的是 NVIDIA 和 AMD 两家厂商。

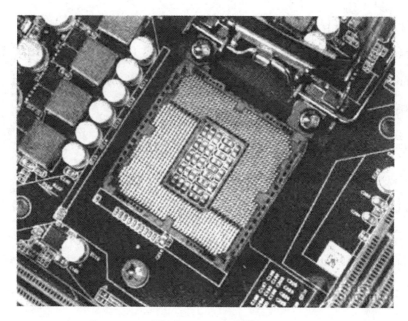

图 1-2-2　CPU 插槽

APU 英文全称 Accelerated Processing Unit，中文名称为"加速处理器"。APU 是 AMD"融聚未来"理念的产品，它第一次将中央处理器和独显核心置于同一个芯片上，它同时具有高性能处理器和最新独立显卡的处理性能，支持 DX 游戏和最新应用的"加速运算"，大幅提升了计算机运行效率，实现了 CPU 与 GPU 真正的融合。2011 年 1 月，AMD 率先推出了一款革命性的产品 AMDAPU，是 AMD Fusion 技术的首款产品。

（四）存储器系统

1. 内存储器与外存储器

计算机系统中的存储器总体上可分为两大类：内存和外存。内存储器也称为主存储器，位于主板上，可以同 CPU 直接交换信息，运行速度较快，容量相对较小，电源断开后其内部存放的信息会丢失。外存储器也称为辅助存储器，安装在主机箱中，属于外部设备，它与 CPU 之间通过接口电路才能交换信息。外存的主要特点是存储容量大，存取速度相对较慢，电源断开后信息依然保存。

2. 内存储器

内存储器主要用来存储程序和处理中的数据，可与 CPU 或高速外部设备直接交换数据。通常，内存储器分为只读存储器、随机读 / 写存储器和高速缓冲存储器三类。

只读存储器（Read Only Memory，ROM）中的数据是由设计者和制造商事先编制好固化在里面的一些程序，用户不能随意更改，主要用于检查计算机系统的配置情况并提供最基本的 I/O 控制程序。ROM 的特点是计算机断电后存储器中的数据仍然存在。

随机读 / 写存储器（Random Access Memory，RAM）是计算机工作的存储区，一切要执行的程序和数据都要先装入该存储器内。RAM 主要有两个特点：一是存储器中的数据可以反复使用，只有向存储器写入新数据时存储器中的内容才被更新；二是计算机断电后，存储器中的信息自然消失。目前微型计算机中的 RAM 基本上是以内存条的形式存在，使用时只要将内存条插在主板的内存插槽上即可，扩展方便。根据主板上内存插槽类型的不同，又可分为 SDRAM、DDR 和 RDRAM 三种类型，DDR 内存是主流内存。购买内存条时主要考虑存取容量、存取速度、存储器的可靠性和性价比四个指标。

高速缓冲存储器（Cache），是 CPU 与内存之间设置的一级或两级高速小容量存储器。设置高速缓冲存储器的目的是解决快速的 CPU 与慢速的 RAM 之间速度不匹配问题。在计算机工作时，系统先将数据由外存读入 RAM 中，再将一部分即将执行的程序由 RAM 读入 Cache 中，然后 CPU 直接从 Cache 中读取指令或数据进行操作。

3. 存储器系统

计算机技术的发展使存储器的地位不断得到提升，同时对存储器技术也提出了更高的要求。人们希望通过硬件、软件或者软、硬件结合的方式将不同类型的存储器组合在一起，从而获得更高的性价比，这就是存储系统。

常见的微型计算机存储系统有两类：一类是由主存储器和高速缓冲存储器构

成的 Cache 存储系统；另一类是由主存储器和磁盘存储器构成的虚拟存储系统。前者的主要目标是提高存储器的速度，而后者则主要是为了增加存储器的存储容量。

（五）外部设备

外部设备简称外设，根据功能及特点的不同，可以分为输入设备、输出设备、外部存储设备和数据通信设备四大类。

1. 输入设备

输入设备是负责将程序和数据输入主机的外部设备。常用的输入设备有鼠标、键盘、扫描仪、触摸屏、数码相机等。

（1）鼠标

按鼠标的工作原理划分，目前市场上的鼠标主要包括机械鼠标、光电鼠标和无线鼠标。机械鼠标内部有一个滚动球，除了有两个按键外，通常还有一个滚轮。这种鼠标原理简单、成本低，但是沾染灰尘后会影响移动速度，机械装置容易磨损。

光电鼠标有一个光电探测器，需要在反光板上移动才能使用，适用于 CAD 制图等精度要求比较高的场合。目前光电鼠标是市场主流。

无线鼠标内置发射器，通过接收器将数据传送到计算机，适于远距离使用。无线鼠标需要安装电池才能使用，可与光电鼠标同时使用。

（2）键盘

计算机键盘的功能就是及时发现被按下的键，并将该按键的信息送入计算机。键盘中有发现按下键位置的键扫描电路、产生被按下键代码的编码电路、将产生代码送入计算机的接口电路。根据该键的扫描码，可在 BIOS 的扫描码表中找到对应的按键，然后将按键字符送入键盘缓存，并在屏幕上输出。

目前用户使用较多的是 PS/2 接口的键盘和 USB 接口的键盘。键盘的发展方向是方便、舒适、防水、耐用。现在已经出现了多媒体键盘、手写键盘、无线键盘和人体工程学键盘等多种类型。

（3）扫描仪

扫描仪是将传统的图片、文字转化为数字影像的设备之一，它将光信息转化为数字信息，并以数字化的方式存储在文件中。扫描仪通常采用 USB 接口，需要专用软件配合使用。

（4）数码相机

数码相机不使用胶卷作为成像介质，而是使用电子芯片作为成像器件，将景物以数字形式记录在自己的存储器中，也可以将数字图像传输给计算机。

2. 输出设备

输出设备负责将计算机处理的结果通过接口电路以用户或机器能识别的信息形式显示或打印出来。常用的输出设备有显示器、打印机、投影机、绘图仪、音箱等。

（1）显示器与显示卡

计算机的显示系统由显示器和显示适配卡组成。显示器是实现用户和计算机交流的常用设备，需要配合显示适配卡使用。

显示器有多种类型，按照显示管对角线的尺寸可将显示器分为 22 英寸、24 英寸、27 英寸或更大的显示器。按照显示管分类，又分为阴极射线管（CRT）显示器、液晶（LCD）显示器、等离子（PDP）显示器等。LCD 显示器的优点是机身小、质量轻、低辐射、环保、节能等；缺点是色彩、视觉、屏幕响应速度、分辨率一般不能随便调节。目前市场上的新产品主要是多点触控显示器、具有 3D功能的广视角显示器、无框超薄显示器等。

显示适配卡又称为显卡，是显示器和主机通信的控制电路的接口，主板上有安放显卡的扩展槽。显卡的作用是转换主机与显示器的数据格式、处理图形数据和加速图形显示。

显卡分为集成显卡、独立显卡和核芯显卡。

集成显卡是将显示芯片、显存及其相关电路都集成在主板上，显示效果与处理性能相对较弱，不能对显卡进行硬件升级，但可以通过 CMOS 调节频率或刷入新 BIOS 文件实现软件升级来挖掘显示芯片的潜能。

独立显卡是指将显示芯片、显存及其相关电路单独做在一块电路板上，需占用主板的扩展插槽。独立显卡的优点：单独安装有显存，一般不占用系统内存，比集成显卡有更好的显示效果和性能，容易进行显卡的硬件升级。独立显卡的缺点：系统功耗有所加大，发热量也较大，需额外购买。

核芯显卡是 Intel 产品新一代图形处理核芯，Intel 凭借在处理器制造上的先进工艺以及新的架构设计，将图形核芯与处理核芯整合在同一块基板上，构成一个完整的处理器。需要注意的是，核芯显卡和传统意义上的集成显卡并不相同。核芯显卡的优点：低功耗、高性能。核芯显卡的缺点：配置核芯显卡的 CPU 通常价格较高，同时难以支持大型游戏的游玩。

购买显卡时主要考虑的性能指标有显卡芯片制造工艺、核芯频率、显存频率、显存容量、显存速度、彩数、分辨率、功能扩展接头等。

（2）打印机

打印机是计算机的基本输出设备之一，衡量打印机好坏的指标有三项：打印分辨率、打印速度和噪声。

按照工作原理分类，打印机可分为击打式和非击打式两类。常见的非击打式打印机包括激光打印机、喷墨打印机和热敏打印机。其中，喷墨打印机主要用于家庭，热敏打印机已在 POS 终端系统、银行系统、医疗仪器等领域得到广泛应用。

按照用途分类，打印机可分为办公和事务通用打印机、商用打印机、专用打印机、家用打印机、网络打印机和便携式打印机。其中，专用打印机一般是指各种微型打印机、存折打印机、平推式票据打印机、条形码打印机、热敏印字机等用于专用系统的打印机。网络打印机用于网络系统，能为多人提供打印服务，因此要求这种打印机具有打印速度快、能自动切换仿真模式和网络协议的特点。

另外，这里介绍一下热升华打印机。随着数码相机的普及，热升华打印机（照片打印机）越来越吸引用户的目光。热升华打印机主要是利用热能将颜料转印至打印介质上的仪器，它可以通过半导体加热器件调节出的不同温度来控制色彩的比例和浓淡程度。它具有连续色阶的特点，打印出的图像如喷雾般细腻润滑，特别适合人像等的打印，同时也有长久保存不褪色的特点。

当然，现在家用或小型企业办公也可选择激光一体机或喷墨一体机，方便用户进行打印、扫描、复印和传真的操作。

打印机与计算机的连接通常采用并行接口。近年流行具有 USB 接口的激光打印机。打印机与计算机连接后，必须安装相应的驱动程序才能使用。安装操作系统的同时可以安装多种型号打印机的驱动程序，使用时再根据所配置的打印机型号进行设置。

（3）投影仪

投影仪又称投影机，是一种可以将图像或视频投射到幕布上的设备，可以通过不同的接口同计算机、VCD、DVD、BD、游戏机、DV 等相连接，播放相应的视频信号。投影仪广泛应用于家庭、办公室、学校和娱乐场所。

投影仪根据应用环境分类，主要分为以下几种类型：家庭影院型、便携商务型、教育会议型、主流工程型、专业剧院型投影仪和测量投影仪。其中，家庭影院型投影仪的投影画面宽高比多为 16∶9，各种视频端口齐全，适合播放电影和高清晰电视节目，适于家庭用户使用。教育会议型投影仪一般定位于学校和企业应用，采用主流的分辨率，质量适中，散热和防尘效果好，适合安装和短距离移动，功能接口比较丰富，容易维护，性价比相对较高，适合大批量采购。

3. 外部存储设备

外部存储设备具有存储容量大、能长久保存信息的特点。当 CPU 需要执行某部分程序和数据时，需要将相应的程序和数据由外存调入内存以供 CPU 访问。目前最常用的外存有硬盘、移动硬盘、光盘、U 盘和磁带等。

（1）硬盘存储器

硬盘是计算机主要的存储媒介之一，特点是存储容量大、工作速度快。硬盘由若干个盘片固定在一个公共转轴上组成盘片组，每个盘片有两个存储面，每个存储面有一个磁头负责读写操作，盘片以每分钟数千转的速率高速旋转，工作时磁头浮在盘片的上方，并不与盘片直接接触，如图 1-2-3 所示。绝大多数硬盘是固定硬盘，被永久性地密封固定在硬盘驱动器中。

图 1-2-3　硬盘内部结构

硬盘分为固态硬盘（SSD）和机械硬盘（HDD）。其中，SSD 采用闪存颗粒来存储，HDD 采用磁性碟片来存储。

第一次使用硬盘前必须进行硬盘格式化，需要分三个步骤进行，即硬盘的低级格式化、硬盘分区和硬盘高级格式化。

硬盘工作时，根据收到的指令，磁头开始寻址，通过磁盘的转动找到正确的位置，读取出需要的信息并将之保存在硬盘的缓冲区中。缓冲区中的数据通过硬盘接口与外界进行交换，从而完成读取、写入、修改、删除数据的操作。

硬盘容量取决于磁道数、柱面数及每个磁道扇区数，每个扇区的容量为 512 B，柱面是硬盘的所有盘片具有相同编号的磁道。目前市场上的硬盘容量一般在 500 GB～2 TB。硬盘容量的计算公式为：硬盘存储容量 =512× 磁头数 × 柱面数 × 每道扇区数。

硬盘转速是指硬盘主轴电动机的转速，单位是 r/min。转速是决定硬盘内部数据传输率的关键因素，也是区分硬盘档次的重要指标。市场上的常见硬盘转速一般为 7200 r/min。

　　硬盘的平均寻道时间是指硬盘的磁头从初始位置移动到盘面指定磁道所需的时间，单位是毫秒（ms），它是影响硬盘内部数据传输率的重要技术指标。

　　用户在购买硬盘时主要考察的技术指标有容量、转速、寻道时间和平均无故障时间。

　　（2）移动硬盘

　　移动硬盘是以硬盘为存储介质，在计算机之间交换大容量数据，强调便携性的存储产品。移动硬盘多采用 USB 接口，具有容量大、可移动的特点。移动硬盘通常由一个 USB 接口的硬盘盒、一块移动式硬盘和一根 USB 接口线组成。

　　（3）光盘

　　光盘是利用光学的方式进行信息读写的存储器，具有容量大、易保存、携带方便等特点。计算机所用光盘是用于存储数字信号的只读光盘，需要放到光驱中才能使用。

　　光驱的主要技术指标有传输速率、接口方式和缓存大小。

　　传输速率是评价光驱最重要的指标之一，以倍速为单位。单倍速的速率为 150 kb/s，其他的光驱均以这个速率为基本单位，如 50 倍数光驱的传输速率可达到 50×150 kb/s，约为 7.5 Mb/s。

　　接口方式是指光驱和计算机系统进行数据传输的连接方式。目前，台式计算机光驱多采用 IDE 接口和 SCSI 接口，笔记本电脑上多采用 USB 接口和 PCMCIA 接口。

　　（4）闪存盘

　　闪存盘又称为闪盘、U 盘，是最常用的移动存储设备。优点是可热插拔、体积小、易携带、防磁、防震、防潮、耐高低温。用户可以像使用软盘和硬盘一样在 U 盘上读写、传送文件，重复擦写次数达百万次。

　　U 盘通过 USB 接口与主机相连，目前的 USB 接口标准有 USB2.0 和 USB3.0 两种。

USB3.0 是最新的 USB 规范，该规范由 Intel 等大公司发起。USB3.0 为那些与计算机或音频设备相连接的设备提供了一个标准接口，从键盘到高吞吐量磁盘驱动器，各种器件都能够采用这种低成本接口进行平稳运行的即插即用连接。USB3.0 兼容 USB2.0，USB2.0 的最高传输速率为 480 Mb/s（即 60 MB/s）；USB3.0 实际传输速率大约是 3.2 Gb/s（即 400 MB/s），理论上的最高速率是 5.0 Gb/s（即 625 MB/s）。

4. 数据通信设备

数据通信设备可以实现计算机的多媒体功能，实现计算机之间的通信、联网等功能。目前常用的数据通信设备有声卡、视频卡、网卡、调制解调器等。

（1）声卡

声卡是处理声音信息的设备，它有三个基本功能：音乐合成发音功能、混音器（Mixer）功能和数字声音效果处理器（DSP）功能、模拟声音信号的输入和输出功能。

现在的声卡一般有板载声卡和独立声卡之分。随着主板整合程度的提高以及 CPU 性能的日益强大，同时主板厂商考虑降低用户采购成本的要求，板载声卡出现在越来越多的主板中，目前板载声卡几乎成为主板的标准配置。独立声卡产品涵盖低、中、高各档次，售价从几十元至上千元不等。需要指出的是，外置式声卡是创新公司独家推出的一个新产品，它通过 USB 接口与 PC 连接，具有使用方便、便于移动等优势。

独立声卡的安装方法，是将之插到主板上任何一个与声卡类型相匹配的总线插槽，然后通过 CD 音频线和 CD-ROM 音频接口相连，最后需要安装相应的驱动程序并和音箱相连。

（2）视频卡

视频采集卡也称为视频卡，是一种多媒体视频信号处理平台。它可以通过汇集视频源、声频源，把激光视盘机、录像机、摄像机输出的视频数据或者视频音频的混合数据输入电脑，并转换成电脑可辨别的数字数据存储在电脑中，成为可编辑处理的视频数据文件。

三、计算机软件

到目前为止，各种类型的计算机都属于冯·诺依曼型的计算机，即采用储存程序，利用程序进行工作的原理。计算机要能够工作，必须有程序驱动。软件是计算机系统必备的所有程序的总称。程序由一系列指令构成，指令是要计算机执行某种操作的命令。根据软件的功能，一般把软件分为系统软件和应用软件。

（一）系统软件

一般把靠近内层、用于管理和使用计算机资源的软件称为系统软件。系统软件的主要功能是指挥计算机完成诸如在屏幕上显示信息、向磁盘存储数据、向打印机发送数据、解释用户命令以及与外部设备通信等任务。系统软件有两个特点：一是通用性，即无论哪个应用领域的用户都要用到它们；二是基础性，即应用软件要在系统软件支持下编写和运行。系统软件通常包括操作系统、系统实用程序、程序设计语言与语言处理程序、数据库管理系统等。

1. 操作系统

操作系统是最主要的系统软件。操作系统（Operating System，OS）是由管理计算机系统运行的程序模块和数据结构组成的一种大型软件系统，其功能是管理计算机的硬件资源、软件资源和数据资源，为用户提供方便高效的操作界面。

硬件资源包括磁盘、内存、处理器和显示器等，操作系统负责分配这些资源，以便程序可以有效地运行。

所有应用软件必须在操作系统支持下才能运行，不同的应用软件需要不同的操作系统支持。

在计算机发展早期，操作系统是 DOS（Disk Operating System）。用户必须通过输入复杂的文本式命令与计算机对话。1995 年，Microsoft 发布 Windows 95 操作系统，用户通过鼠标点击图形对象控制计算机，图形化的界面使计算机应用更容易。此后，Windows 操作系统不断更新，成为最流行的操作系统。

目前常见的操作系统还有：Unix、Linux、Mac OS 等。

2. 系统实用程序

系统实用程序提供一种让计算机用户控制和使用计算机资源的方法，以增强操作系统的功能。实用程序一般执行一些专项功能，如系统维护、系统优化、故障检测、错误调试等。

有些实用程序包含在操作系统之中，例如，Windows 10 和 Windows 11 操作系统中附带有许多实用的小工具。

3. 程序设计语言与语言处理程序

计算机是在程序的控制下工作的。程序描述解决问题的步骤，用程序设计语言编写。程序设计语言有机器语言、汇编语言和高级语言。用户可以自己编写程序，实现计算机控制。

（1）机器语言

机器语言是二进制代码表示的指令集合，机器语言由计算机的逻辑结构决定。因此用机器语言写的程序能被计算机直接识别和执行，但机器语言程序可读性差、不易书写和记忆、不可移植。

（2）汇编语言

汇编语言是用助记符代替二进制代码表示的符号语言。它比机器语言容易记忆，但可读性仍然较差。由于计算机只识别机器语言，因而必须用汇编程序将汇编语言编写的源程序翻译成可执行的二进制目标程序。这个过程被称为汇编。

（3）高级语言

高级语言接近人的自然语言和通常的数学表达方式。由于易学易记，便于书写和维护，提高了程序设计的效率和可靠性。广泛使用的高级语言有 C、Pascal、Java 等。

（4）语言处理程序

用高级语言编写的程序，计算机不能直接执行，首先要将高级语言编写的程序通过语言处理程序翻译成二进制机器指令，然后供计算机执行。一般将用高级语言编写的程序称为源程序，翻译成机器语言的程序称为目标程序。计算机将源程序翻译成目标程序有如下两种方式。

编译方式：通过相应的编译程序将源程序全部翻译成目标程序，然后连接成可执行程序，可执行程序在操作系统支持下可随时执行。

解释方式：通过相应的解释程序将源程序逐句解释翻译，逐句执行。解释程序不产生目标程序，执行过程中有错，机器显示错误信息，修改后再执行。

（5）面向对象程序设计语言（OOPL）

面向对象的程序设计（Object Oriented Programming）方法主要考虑如何创建对象，并利用对象来简化程序设计。在 OOP 中，对象是构成程序的基本单位和运行实体。一个对象建立以后，其操作就通过与该对象有关的属性、事件和方法程序来描述。

OOPL 是采用事件驱动编程机制的语言。在事件驱动编程中，程序员只要编写响应用户动作的程序，而不必考虑按精确次序执行的每个步骤。在这种机制下，不必编写一个大型的程序，而是建立一个由若干微小程序组成的应用程序，这些微小程序可以由用户启动的事件来激发。

目前流行的面向对象的语言有：Visual C++、Visual basic、Delphi 等。

4.数据库管理系统

数据库（Database，DB）技术是计算机软件的一个重要分支，广泛应用于财务管理、航空售票管理、图书管理等信息应用领域。数据库技术和网络技术相结合，可实现数据资源共享。

数据库管理系统（DBMS）是对数据库中的数据实行有效管理、提供安全性和完整性控制、方便用户对数据库进行操作的一种大型软件。通过数据库管理系统，一般用户可以方便地建立、使用和维护数据库。数据库管理系统一般包括以下几方面的内容。

数据库描述功能：定义数据库的全局逻辑结构、局部逻辑结构和其他各种数据库对象。

数据库管理功能：系统配置与管理、数据存取与更新管理、数据完整性管理和数据安全性管理。

数据库的查询和操纵功能：数据库检索和修改、数据库的维护（包括数据输入、输出管理，数据库结构维护，数据恢复和性能监测等）。

数据库管理系统有多种，如 FoxPro、Access、Sybase、Oracle、Informix、SQL Server、DB3 等。

随着数据的大量累积，许多隐藏在数据中的信息已很难被传统的决策支持系统所发掘，因此一种称为数据挖掘的技术正在兴起。这些技术包括关联规则、分类、预测、聚类、时间系列群等数据挖掘方法，并且已经包含在 SQL Server、DB3 等产品中。

（二）应用软件

安装系统软件后，计算机可以正常运行。但如果要让计算机处理实际问题，如制作三维动画、创作音乐、编辑图文并茂的文档等，还需要再安装相应的应用软件。

应用软件是为解决某类应用问题而编写的软件，种类繁多，功能各异。

1. 字处理软件

文字信息处理，简称字处理，就是利用计算机进行文字录入、编辑、排版、存储、传送等处理。

目前计算机上常用的字处理软件有 Microsoft Word、WPS。

2. 电子表格与统计软件

电子表格软件用于输入、输出和处理数据，可以帮助用户制作各种复杂的电子表格。电子表格一般具有统计功能，提供各种各样的函数，用户通过调用函数对数据进行各种复杂统计运算，并用图表显示出来。

常用的电子表格的软件包括 Microsoft Excel、WPS Excel 等。另外，还有些专用的统计软件（如 SPSS），提供更强的统计功能，基本包括概率统计中的所有功能与数据挖掘中的流行功能。

3. 画图软件

画图软件分为图形编辑软件、图像编辑软件、3D 图形软件等。常用的画图软件有 Photoshop、3DMax 等。

4. 网络软件

网络软件包括电子邮件（如 Foxmail、Outlook）、网页浏览器（如 Internet Explorer）、远程控制软件（如 Telnet）、文件传输软件等。

此外，还有课件制作软件（如 PowerPoint、Authorware）、多媒体处理软件（如 Media Player 和 RealPlayer）、压缩工具（如 WinZip、WinRAR）、游戏软件等。

应用软件必须在系统软件的支持下才能工作。

第三节　计算机技术的应用

计算机在生活、生产中拥有十分广泛的应用，下面列举一些计算机常见的应用领域。

一、科学计算

科学计算也称为数值计算，通常指用于完成科学研究和工程技术中提出的数学问题的计算。科学计算是计算机最早的应用领域，ENIAC 就是为军事科学计算而研制的。随着现代科学技术的迅速发展，各种科学研究的计算模型日趋复杂，利用计算机的高速度、高精度及自动化的特点，不仅可以使人工难以解决的复杂问题变得轻而易举，且还能大大提高工作效率，从而有力地推动科学技术的发展，科学计算常用于天文学、量子化学、地震探测、导弹卫星轨迹计算、空气动力学、核物理学等领域。

二、数据处理

数据处理也称为信息处理、非数值处理或事务处理，是指对大量数据进行存储、分析、合并、统计、查询及生成报表等。与科学计算不同，数据处理涉及的数据量大，但计算方法简单。早在 20 世纪五六十年代，大银行、大公司和政府机关纷纷使用计算机来处理账册、管理仓库或统计报表，从数据的收集、存储、整理到检索统计，应用范围日益扩大，很快超过了科学计算，成为最大的计算机应用领域。数据处理是现代化管理的基础，用于处理日常事务，而且能支持科学的管理与决策。近年来，利用计算机综合处理文字、图像、图形、声音等多媒体数据，使人们从大量的数据统计和管理工作中解放出来，大大提高工作效率与工作质量。许多现代应用实际上就是数据处理的发展和延伸。

三、过程控制

过程控制也称为实时控制，是指计算机及时地采集检测数据，按最佳值迅速地对控制对象进行自动控制和自动调节。现代工业由于生产规模不断扩大，工艺日趋复杂，从而对实现过程自动化的控制系统要求也日益提高。大大提高了控制的自动化水平，提高控制的及时准确性和可靠性，从而改善劳动条件、提高质量、节约能源、降低成本。计算机过程控制已经在冶金、石油、化工、纺织、水电、机械、航天等部门得到广泛应用。

四、电子商务

电子商务（E-Business）是指利用计算机和网络进行的商务活动，具体地说是指综合利用局域网（LAN）、企业内联网（Intranet）和互联网（Internet）进行商品与服务交易、金融汇兑、网络广告或提供娱乐节目等商业活动。交易的双方可以是企业与企业，也可以是企业与消费者。电子商务是一种比传统商务更好的商务方式，它旨在通过网络完成核心业务、改善售后服务、缩短周转周期，从有限的资源中获得更大的收益，从而达到销售商的目的，它向人们提供新的商业机会、市场需求以及各种挑战。在一个拥有巨大数量互联计算机的时代，电子商务的发展对于一个公司而言不仅仅意味着新商业机会，还意味着一个全新的全球性的网络驱动经济的诞生。

五、计算机辅助系统

计算机辅助系统以计算机为工具，以提高工作效率和工作质量为目标，配备专用软件辅助人们完成特定任务的工作，该系统包括计算机辅助设计、计算机辅助制造和计算机辅助教育等。

计算机辅助设计（Computer Aided Design，CAD），是指用计算机帮助各类设计人员进行设计，并对所设计的部件、构件或系统进行综合分析与模拟仿真实验。由于计算机具有较高的数值计算速度、较强的数据处理以及模拟的能力，使 CAD 技术得到广泛应用，例如，在船舶设计、建筑设计、机械设计、大规模集成电路设计等方面，采用计算机辅助设计后，不仅降低了设计人员的工作量，提高了设计的速度，更重要的是提高了设计的质量。

计算机辅助制造（Computer Aided Manufacturing，CAM），是指用计算机进行生产设备管理、控制和操作的过程。例如，在产品的制造过程中，用计算机控制机器的运行、处理过程中所需的数据、控制和处理材料的流动以及对产品进行检验等。采用计算机辅助制造可以提高产品质量、降低生产成本、缩短生产周期以及改善劳动统计。

计算机辅助教育（Computer Based Education，CBE），包括计算机辅助教学（Computer Aided Instruction，CAI）、计算机辅助测试（Computer Aided Test，CAT）和计算机管理教学（Computer Management Instruction，CMI）。其中，CAI 技术是利用计算机模拟教师的教学行为进行授课，学生通过与计算机的交互进行学习并自测学习效果。CAI 是提高教学效率和教学质量的新途径。近年来由于多媒体技术和网络技术的发展，推动了 CBE 的发展，网上教学和现代远程教育已在很多学校展开。CBE 使学校教育发生了根本变化，使学生能熟练掌握计算机的应用，培养出 21 世纪的复合型人才。

六、人工智能

人工智能（Artificial Intelligence，AI）是指用计算机模拟人的智能活动，如定理证明、语言识别、图像识别、人脑学习、推理、判断、理解等，辅助人类进行决策。人工智能是计算机应用研究的前沿学科，主要应用于机器人、专家系统、模式识别、智能检索等方面，另外，AI 还在自然语言处理、机器翻译、医疗诊断等方面得到应用。

七、虚拟现实

虚拟现实是利用计算机生成一种模拟环境，通过多种传感设备使用户"投入"该环境中，实现用户与环境直接进行交互的目的。这种模拟环境是用计算机构成具有表面色彩的立体图形，它可以是某一特定现实世界的真实写照，也可以是纯粹构想出来的世界。虚拟现实获得了迅速的发展和广泛的应用，出现了"虚拟工厂""数字汽车""虚拟人体""虚拟演播室""虚拟主持人"等许许多多虚拟环境。

八、网络应用

计算机在网络方面的应用越来越显示其巨大的潜力。计算机技术与通信技术相结合，形成了计算机网络。目前，世界上最大的广域网 Internet，其用户已经遍布全球，成为人们通信与交流的重要手段。利用网络而发展起来的各个应用领域也取得了长足的进步，如信息高速公路实际上是一个交互式多媒体网络，使人们获得信息的方式发生了根本变化。传统的会议、出差、旅游、购物、社交等都可以通过计算机网络进行，大大提高了社会工作效率。

九、娱乐

娱乐是计算机的另一个应用领域，它的形式多种多样，非常丰富。人们可以使用计算机玩游戏、播放电影、听音乐、聊天、上网等。人们可以在家中用计算机"打网球"，可以在线下棋，可以制作动画，也可以加工美化自己的照片。另外，人们还可以巧妙使用计算机合成和剪辑在现实世界中无法拍摄的场景，营造令人震撼的视觉效果。

第二章　计算机信息网络安全

随着计算机网络的发展，信息共享的应用越来越广泛。然而，当信息在公共通信网络上存储、共享和传输时，就会被非法拦截、截获、篡改或销毁，造成无法估量的损失。本章分为计算机信息安全概述、计算机信息系统面临的威胁、信息安全的技术环境三部分内容。

第一节　计算机信息安全概述

一、计算机信息安全的定义

（一）信息

我们认为信息是一种信息系统进行加工和处理的对象。信息通过一定数据形式展现，进而通过一定的载体进行存储和传输。信息作为一种对象，和自然界中的事物一样，有产生、发展和消亡的过程，我们称之为生命周期。信息的生命周期包括信息的产生、存储、传输、处理和销毁等诸多环节。信息系统正是信息在生命周期中的生存环境，即信息是信息系统的处理对象，信息系统是信息赖以生存的环境。就信息系统而言，我国国家标准《信息安全事件分类分级指南》（GB/Z 20986—2007）中认为，信息系统是"由计算机及其相关的和配套的设备、设施（含网络）构成的按照一定的应用目标和规则对信息进行采集、加工、存储、传输、检索等处理的人机系统"。

我们认为信息系统是为信息生命周期提供服务的各类软硬件资源的总称。

（二）信息安全

广义而言，所有与信息的完整性、保密性、真实性、可用性和可控性相关的技术和理论都是信息安全的研究领域。计算机信息安全是指保护计算机信息系统中的硬件、软件、网络和数据免受意外或恶意的原因（如损坏、变更和泄露等）持续、可靠和正常地运行，以及不间断的信息服务。

二、计算机信息安全体系

（一）物理安全

物理安全主要涉及硬件设备和机房环境等各种物质载体，也可以理解为硬件安全。硬件设施是承载和实现信息系统功能的基本条件，因此，物理安全也是最直接、最原始的攻防对象。不难想象，假如连服务器硬件都已经落入攻击者手里，再严密的防火墙策略、再复杂的操作密码实际上也形同虚设。

（二）系统安全

系统安全考虑的对象主要是操作系统，操作系统是计算机中最基本、最重要的软件，包括 Windows、Linux、UNIX，以及路由交换设备的网际操作系统（Internetwork Operating System，IOS）等。系统安全的风险来自各种软件或所开放服务中的漏洞、忽视账号及权限管理、弱口令，以及潜伏在各种应用程序、多媒体文件中的木马和病毒等。与物理安全不同的是，系统安全的失陷往往一时难以发现，等到出现密码被盗、商业机密泄露等重大损失时，已经悔之晚矣。因此，操作系统安全是计算机安全系统的基础。

（三）数据安全

数据安全考虑的对象主要是各种需要保密的文档信息。数据文档包含了直接面向用户的各种敏感信息，如私密照片、产品配方、客户资料等，通常可以独立存在，而不依赖于具体的硬件、系统或网络，因此电子数据的窃取和保护也是安全的重要环节。

公开的共享目录、未加密的电子邮箱文件夹、缺少有效的备份策略、误删除文件，以及明文提交的网页表单、访问授权的失控等，都是可能导致信息泄露的触发点。当然，数据安全的防护等级取决于用户的需求，对于越重要、越敏感的数据资料，越应该采取强力的保护和授权措施。

（四）网络安全

网络安全考虑的对象主要是面向网络的访问控制。面向网络提供服务是实现信息系统功能的最主要的形式，因此如何鉴别合法、不合法的访问变得尤为重要，特别是对于那些用户群体庞大、面向人员复杂的应用系统，如网站、电子邮件、FTP 服务器等，网络安全更是关注的焦点。

（五）人为因素

上述各种安全类别的介绍中，大都提到了对"用户""人员""权限"的控制。实际上，许多安全事故（如商业间谍、网银大盗等）都是由于人为因素造成的。安全领域有一个"社会工程学"的概念，指的就是利用人的信任、贪婪、好奇心等心理特点，通过交谈、欺骗、假冒甚至贿赂等手段来套取用户账号特权密码、商业机密等敏感信息，从而对受害者的信息系统带来极大的安全隐患。因此，信息系统中的人员管理、权限分配、安全审计等，也是不可忽视的重要工作。

1. 预防为主

企业网络的安全性要求比起个人计算机来说高出许多，所以在安全管理中一切要以预防为主，不能等到网络安全事故出现时才想办法去弥补。管理员应根据企业实际的需求制定出一套完善的解决方案。

2. 开展计算机安全使用培训

许多企业中普通用户的安全意识不高，从而导致系统受到病毒袭击、木马入侵。只有将普通用户的安全意识提升到一定高度，企业才会获得真正意义上的安全。

3. 不访问可疑资源

大量的真实案例表明，钓鱼网站、恶意软件是造成用户密码泄露和数据丢失的罪魁祸首。所以，应时刻做到可疑的网站不访问、来历不明的软件不下载，养成良好的上网习惯，这是保护计算机信息安全的第一道防线。

4.不随意使用移动存储设备

U盘、移动硬盘是计算机病毒的一个重要来源，也是企业重要信息泄露的一个重要途径。如果有用户将自己的移动存储设备带到企业使用，就极有可能使整个网络染上病毒。如果办公计算机存放了一些机密数据，也很可能被不法之徒复制导致泄露。因此，最好在互补金属氧化物半导体（CMOS）中禁用USB接口和光驱，并给基本输入输出系统（BIOS）设置密码，以此杜绝非法用户修改CMOS设置进入系统，或者使用一些可能给系统带来安全隐患的设备。

三、信息安全保障对象

信息安全的直接目标是信息。信息安全是通过对信息、载体和信息环境使用相关的安全技术来保证的。信息安全的最终目标是为组织提供业务连续性。信息安全通过使用与信息、载体和环境相关的安全技术来确保信息安全。这些技术包括密码学和应用技术、网络安全技术、平台安全技术、应用安全技术、数据安全技术和物理安全技术。

（一）本质对象

业务是组织正常运作的核心活动，其连续性直接关系到一个组织能否继续履行其职能。组织投入人力、物力和财力来维持组织业务的发展。随着信息化水平的提高，企业对信息资源的依赖性越来越强，对信息资源的安全性提出了严格的要求，使信息安全保障成为信息组织中的一个重要环节。

例如，银行系统提供的储蓄业务完全依赖于信息系统。如果计算机系统崩溃、磁盘损坏、电源故障，它就不能继续运行。幸运的是，所有银行系统在制定安全政策时都考虑了上述因素，如数据安全技术中的冗余备份方法用于备份计算机系统、数据磁盘、业务数据，甚至准备发电机以应对断电等异常情况，这些都得益于信息安全的应用。

（二）实体对象

1. 信息

作为一个实体对象，信息由载体以特定的形式携带。这些形式可以体现为某种数字格式，如视频、声音、图形等。在信息系统中，有一种特定的数据存储格式，即二进制字节和数据位。这样不仅保证了特定数据的安全性，而且保证了它所携带的信息的安全性。数据的保密性、完整性和真实性等安全特性是它所承载信息安全特性的具体体现。

2. 载体

由于信息本身不是有形的实体，它只是包含在情报、指令、数据和信号中的内容，所以它必须通过某种媒介传输。载体是信息传播中承载信息的媒介，是信息添加的物质基础。它是一个记录、传输、积累和存储信息的实体，包括以能量和介质为特征的无形载体，以通过声波、光波和电波传输信息为特征的有形载体，以及记录、传输和存储信息的物理形式，如光盘、硬盘等存储介质。各种媒体都是一种载体。信息系统采用物理安全技术来保证介质物理形式的安全，并采用数据安全技术来保证介质中数据逻辑形式的安全。

从某个角度来看，保护载体就是保护信息本身。信息与载体的关系非常类似于灵魂与身体的关系，载体的破坏将直接导致信息的消失。

3. 环境

这里的环境指的是信息环境，即涉及信息整个生命周期的软件和硬件资源，然后延伸到更大类别的信息载体、信息系统的物理环境等。

（1）在信息环境中，信息以数据的形式存储在存储介质中，在应用信息系统中处理，并在网络通信系统中传输。

（2）在物理环境中，一方面，必须保证信息载体的物理安全性；另一方面，要保证信息系统和网络系统硬件平台的安全。

四、信息安全发展过程

随着通信技术、计算机技术和互联网技术的发展，信息安全的发展经历了以下几个阶段：数据通信安全、计算机安全、网络安全、信息安全和信息安全保障。

（一）数据通信安全

1949 年，香农发表了《保密系统的通信理论》。该理论奠定了保密通信的基础，在此原理上进行的研究主要针对如何提高信息的机密性，即利用密码学理论进行信息加密处理。

1976 年，德菲与黑尔曼两人发表的《密码学的新方向》一文，提出了非对称密码体制，即公钥密码体制。这给密码学带来了革命性的发展，该体制也为信息安全提供的其他属性奠定了基础。

1977 年，美国国家标准局发布了数据加密标准。该标准的发布和应用使人们逐渐认识到信息保密性和完整性的必要性。在此之前，人们的研究重点主要是如何使用加密算法来加强信息机密性。因此，这个阶段被称为数据通信安全阶段。目前，加密方法仍然采用经典密码的加密形式，如密码本、密码机等。

（二）计算机安全

随着计算机的应用和文件操作系统的出现，计算机系统的安全问题日益突出。非法访问、恶意代码、密码安全等问题威胁到计算机系统的物理安全、数据安全和应用软件运行安全，从而威胁到信息存储、处理和传输过程的保密性和完整性。

（三）网络安全

20 世纪 90 年代，随着互联网的应用和普及，网络安全成为一个热门的研究课题。随着互联网的快速发展，网络系统面临着协议固有的缺陷、网络系统的脆弱性等漏洞，以及网络攻击和入侵、恶意代码等威胁。针对这些漏洞和威胁，防火墙、入侵检测、漏洞扫描、防病毒软件、虚拟专用网络、公钥基础设施等技术相继出现，其相关产品广泛应用于各种网络系统中。

（四）信息安全

经过前三个阶段的发展，信息载体和生存环境的安全问题得到了很好的解决，信息安全进入了全面发展阶段。保护个人利益的信息可用性、保密性和完整性已成为信息安全的三个核心属性，主要解决最终用户服务连续性、个人信息隐私、电子商务活动完整性等问题。同时，信息的真实性、不可否认性、可控性和可靠性等安全属性也逐渐受到重视。

（五）信息安全保障

在信息安全阶段，信息的可用性是第一要务。现阶段，信息安全相关基础理论、安全基础设施技术、基础设施安全技术、基础设施建设等方面趋于成熟。国际社会的发展越来越依赖信息安全。信息安全是能源、交通、电信、银行、证券、保险等核心领域组织业务和国家安全的保障。

第二节　计算机信息系统面临的威胁

一、利用漏洞

通过特定的操作或特殊的漏洞攻击程序，操作系统和应用软件中的漏洞可以用来入侵系统或获得特殊权限。溢出攻击也是一种利用漏洞的攻击方法，它向程序提交超长数据并结合特定的攻击代码，可能会导致系统崩溃，或者执行非授权的指令获取系统特权，从而产生更大的危害。结构化查询语言（SQL）注入是一种典型的网页代码漏洞利用方式。大量的动态网站页面中的信息，需要与数据库进行交互，若缺少有效的合法性验证，则攻击者可以通过网页表单提交特定的SQL语句，从而查看未授权的信息、获取数据操作权限等。

二、暴力破解

暴力破解多用于密码攻击领域，即使用各种不同的密码组合反复进行验证，直到找出正确的密码。这种方式也称为"密码穷举"，用来尝试的所有密码集合称"密码字典"。从理论上来说，任何密码都可以使用这种方法来破解，只不过越复杂的密码需要的破解时间也越长。例如，破解 Wi-Fi 密码、压缩文件密码、office 文件密码等。

三、木马植入

攻击者通过向受害者系统中植入并启用木马程序，在用户不知情的情况下窃取敏感信息（如 QQ 密码、银行账号、机密文件），甚至夺取计算机的控制权。当访问一些恶意网页、聊天工具中的不明链接，或者使用一些破解版软件，单击未知类型的电子邮件附件，甚至打开网友发来的所谓的照片、视频等文件时，都有可能被悄悄地植入木马。

木马程序好比潜伏在计算机中的电子间谍，通常伪装成合法的系统文件，具有较强的隐蔽性、欺骗性，基本都具有键盘记录和截图功能，收集的信息将会自动发送给攻击者。例如，黑客通过 QQ 黏虫弹出的假冒登录窗口得到用户输入的账号和密码。

四、病毒／恶意程序

目前，全世界已发现数万种计算机病毒。计算机病毒的数量已经达到相当大的规模，新的病毒仍在出现。随着计算机技术的不断发展和病毒对计算机系统和网络依赖性的增加，计算机病毒已经成为对计算机系统和网络的严重威胁。与木马程序不同的是，计算机病毒（Virus）、恶意程序的主要目的是破坏（如删除文件、拖慢网速、使主机崩溃、破坏分区等），而不是窃取信息。病毒程序具有自我复制和传染能力，可以通过电子邮件、图片和视频、下载的软件光盘等途径进行传播；而恶意程序一般不具有自我复制、感染能力等病毒特征。病毒或恶意程序就好比进入计算机中的电子流氓，其明目张胆的破坏能力极具危害性，如臭名昭著的 CIH 病毒、千年虫、冲击波、红色代码、熊猫烧香等病毒。

五、系统扫描

事实上，系统扫描不是真正的攻击，而是攻击的前奏。攻击是指使用工具软件检测目标网络或主机的过程。通过扫描过程，可以获得目标的系统类型、软件版本和端口打开情况，并且可以发现已知或潜在的漏洞。

攻击者可以根据扫描结果来决定下一步的行动，如选择哪种攻击方法、使用哪种软件等。防护者可以根据扫描结果采取相应的安全策略，如封堵系统漏洞、加固系统和完善访问控制等。

六、拒绝服务

拒绝服务（Denial of Service，DoS）顾名思义，指的是无论通过何种方式，最终导致目标系统崩溃、失去响应，从而无法正常提供服务或资源访问的情况。导致拒绝服务的手段可以有很多种，包括物理破坏、资源抢占等。

DoS 攻击中比较常见的是洪水方式，如 SYN Flood、Ping Flood。SYN Flood 攻击利用 TCP 协议三次握手的原理，发送大量伪造源 IP 地址的同步序列编号（SYN），服务器每收到一个 SYN 就要为这个连接信息分配核心内存并放入半连接队列，然后向源地址返回 SYN+ACK，并等待源端返回确认字符（ACK）。由于源地址是伪造的，所以源端永远都不会返回 ACK。如果短时间内接收到的 SYN 太多，半连接队列就会溢出，操作系统就会丢弃一些连接信息。这样客户发送正常的 SYN 请求连接也会被服务器丢弃。Ping Flood 通过向目标发送大量的数据包，导致对方的网络堵塞、带宽耗尽，从而无法提供正常的服务。

七、网络钓鱼

通过论坛、QQ、电子邮件、短信、弹出广告等途径发送声称来自某银行、某购物网站或其他知名机构（如网监、公安等）的欺骗信息，引诱受害者访问伪造的网站，以便收集用户名、密码、信用卡资料等敏感信息。

八、中间人攻击

中间人攻击（Man-In-The-Middle Attack，MITM 攻击）是一种古老且至今依然生命力旺盛的攻击手段。MITM 攻击就是攻击者伪装成用户，然后拦截其他计算机信息网络通信数据，并进行数据篡改和窃取，而通信双方毫不知情。常用的方法有地址解析协议（ARP）欺骗、域名系统协议（DNS）欺骗等。例如，攻击者 Host2 回复假的局域网地址（MAC）信息，导致 Host3 与 Host1 无法通信。如果攻击者针对通信双方都进行 ARP 欺骗，并且从中截获数据，则构成中间人攻击。这种方式中受害主机的通信基本不受影响，往往不易察觉，因此危害也更大。

第三节　信息安全的技术环境

一、环境安全

环境安全（Environmental Safety）是指对系统所处环境的安全保护。例如，设备的运行环境需要适当的温度和湿度、尽可能少的烟雾、不间断的电源保证等。计算机系统硬件由电子设备、机电设备和磁光材料组成。这些设备的可靠性和安全性与环境条件密切相关。如果环境条件不能满足设备对环境的使用要求，物理设备的可靠性和安全性将会降低，轻则造成数据或程序的错误和损坏；重则加速部件的老化、缩短机器的使用寿命，或者由于故障使系统不能正常运行；在严重的情况下也会危及设备和人员的安全。

（一）机房安全等级

计算机系统中的各种数据可以根据其重要性和机密性分为不同的级别，并且需要提供不同级别的保护。如果高级数据受到较低级别的保护，将导致不必要的损失，或者为不重要的信息提供冗余保护，造成浪费。因此，机房的安全管理应规定不同的安全级别。根据国标《计算站场所安全要求》，计算机机房的安全等级分为三级，A 级要求具有最高安全性和可靠性的机房；C 级则是为确保系统作一般运行而要求的最低限度安全性、可靠性的机房；介于 A 级和 C 级之间的则是 B 级。

（二）机房环境基本要求

1.温度、湿度以及空气含尘浓度

计算机机房内温度、湿度应满足下列要求。

（1）开机时计算机机房内的温度、湿度要求，应符合表 2-3-1 的规定。

表 2-3-1　开机时计算机机房内的温度、湿度要求

项目安全等级	A 级		B 级
	夏季	冬季	全年
温度 /℃	23 ± 2	20 ± 2	18～28
相对湿度	45%～65%		40%～70%
温度变化率	<5 ℃ /h 并不得结露		<10 ℃ /h 并不得结露

（2）停机时计算机机房内的温度、湿度要求，应符合表 2-3-2 的规定。

表 2-3-2　停机时计算机机房内的温度、湿度要求

项目安全等级	A 级	B 级
温度 /℃	5～35	5～35
相对湿度	40%～70%	20%～80%
温度变化率	<5 ℃ /h 并不得结露	<10 ℃ /h 并不得结露

2. 噪声、电磁干扰、振动、静电及灯光

（1）主机房内的噪声，在计算机系统停机条件下，在主操作员位置测量应小于 68 dB。

（2）主机房内无线电干扰场强，在频率为 0.15～1000 MHz 时，不应大于 126 dB。

（3）主机房内磁场干扰环境场强不应大于 800 A/m。

（4）在计算机系统停机条件下，主机房地板表面垂直以及水平方向的振动加速度值，不应大于 500 mm/s²。

（5）主机房地面及工作台面的静电泄漏电阻，应符合国家标准《计算机机房用活动地板技术条件》的规定。

（6）主机房内绝缘体的静电电位不应大于 1 kV。

（7）主机房在离地 0.8 m 处的照度不应低于 300 lx，基本工作间在离地 0.8 m 处的照度不应低于 200 lx，其他房间则依照现行国家标准《建筑照明设计标准》执行。

（8）主机房为保证计算机设备的安全和工作人员的安全，必须依照现行国家标准《国家电子计算机场地通用规范》部署接地装置，防雷接地装置应遵循现行国家标准《建筑防雷设计规范》。

3. 机房电源

为保障计算机系统的正常工作，必须保证电源的稳定和供电的正常，因此，电源的安全和保护问题不容忽视，供电应采取以下措施。

（1）设置多条供电线路，以防止线路出现问题后导致系统运行中断。

（2）对一些重要的设备配备不间断电源（UPS），以保证正常运转，还要制订不间断电源异常的应急计划。对不间断电源要定时检查储存的电量，并按照规定定期检测不间断电源。

（3）在机房中要配备备用发电机来应对长时间的断电，此外还要准备充足的燃料以支持发电机长时间发电，同时，还要定期对备用发电机进行检测及维护。

（4）机房用电负荷登记及供电要求应符合国家标准《供配电系统设计规范》要求，供电系统还要考虑预留备用容量，而且机房应由专用的电力变压器供电，供电电源技术应符合现行国家标准《国家电子计算机场地通用规范》。

（5）机房内其他设备不能由主机电源和不间断电源系统供电，从电源线到计算机电源系统的分电盘使用的电缆，除应符合现行国家标准《电气装置安装工程施工及验收规范》之外，载流量还要减少 50%。

（6）机房电源进线应按照现行国家标准《建筑防雷设计规范》采取防雷措施，且机房电源应采用地下电缆进线。

（三）机房场地环境

1. 机房外部环境要求

机房的选址应基于计算机能否长期稳定、可靠、安全地工作。在选择外部环境时，应考虑环境安全、地质可靠性和场地抗电磁干扰。应避免强振动源和噪声源，避免靠近高层建筑、低层建筑或水设备。

同时，我们应该尽最大努力选择水电充足、环境清洁、交通和通信便利的地点。对于安全部门信息系统的机房，机房内的信息射频也应确认不易被泄露和窃取。为了防止计算机硬件辐射造成的信息泄露，最好在机组中心区域建一个机房。

2. 机房内部环境要求

（1）机房应拥有专用和独立的房间。

（2）经常使用的进出口应限于一处，以便于出入管理。

（3）机房内应留有必要的空间，其目的是确保灾害发生时人员和设备的撤离和维护。

（4）为了保证人员安全，机房应该设置应急照明设备和安全出口标志。

（5）机房应设在建筑物的最内层，而辅助区、工作区和办公用房应设在其外围。A级、B级安全机房应符合这样的布局，C级安全机房则不做要求。

（6）主机房的净高应以机房面积大小而定。计算机机房地板必须满足计算机设备的承重要求。

二、设备安全

广义而言，设备安全包括物理设备防盗、防止自然灾害或设备本身造成的损坏、防止电磁信息辐射造成的信息泄露、防止线路侦听造成的信息破坏和篡改、防止电磁干扰和电源保护等措施。狭义的设备安全是指使用物理手段来确保计算机系统或网络系统安全的各种技术。

（一）访问控制技术

访问控制的对象包括计算机系统的软件和数据资源，它们通常以文件的形式存储在硬盘或其他存储介质上。所谓访问控制技术是指保护这些文件免受非法访问的技术。

1. 智能卡技术

智能卡也被称为智能液晶卡，卡中的集成电路包括中央处理单元、可编程只读存储器、随机存取存储器和固化在只读存储器中的卡内操作系统。卡中的数据分为外部读取和内部处理，以确保卡中数据的安全性和可靠性。智能卡可以用作识别、加密/解密和支付工具。持卡人的信息记录在磁卡上，通常在读卡器读取磁卡信息后，持卡人还需要输入密码来确认持卡人的身份。如果此卡丢失，提货人不能通过此卡进入受限系统。

2. 生物特征认证技术

人体生物特征具有"人人不同，终身不变，随身携带"的特点，利用生物特征或行为特征可以对个人的身份进行识别。因为生物特征指的是人本身，没有什么比这种认证方法更安全和方便的了。生物特征包括手形、指纹、脸形、虹膜、视网膜和其他行为特征如签名、声音和按键强度等。基于这些特点，人们开发了多种生物识别技术，如指纹识别、人脸识别、语音识别、虹膜识别、手写识别等。基于生物特征的识别设备可以测量和识别人的特定生理特征，如指纹、手印、声音、笔迹或视网膜等。这种设备通常用于极其重要的安全场合，以严格和仔细地识别个人。

（1）指纹识别技术

指纹是手部皮肤表面隆起和凹陷的标志，是最早和最广为人知的生物认证特征。每个人都有独特的指纹图像。指纹识别系统将某人的指纹图像存储在系统中。当这个人想要进入系统时，需要提供指纹，将指纹与存储在系统中的指纹进行比较和匹配。

（2）手印识别技术

手印识别是通过记录每个人手上静脉和动脉的形状、大小和分布来实现的。手印识别器需要收集整只手的图像，而不仅仅是手指。阅读时，需要将整个手压在手印读取装置上。只有当它与存储在系统中的手印图像匹配时，它才能进入系统。

（3）声音识别技术

人们说话时使用的器官包括舌头、牙齿、喉咙、肺、鼻腔等。因为每个人的器官在大小和形状上都有很大的不同，所以声音是不同的，这就是为什么人们可以区分声音。虽然模仿的声音听起来可能和被模仿者非常相似，但是如果用语音识别技术进行识别，它会表现出很大的差异。因此，不管模仿声音有多相似，它们都是可以区分的。声音就像一个人的指纹，有其独特性。换句话说，每个人的声音都略有不同，没有两个人的声音是完全一样的。常常采用某个人的短语发音进行识别。目前，语音识别技术已经商业化，但是当一个人的语音发生很大变化时，语音识别器可能会产生错误。

（4）笔迹识别技术

不同人的笔迹是有很大区别的。人们的笔迹来自长期的写作训练，由于不同的人有不同的书写习惯，字符的旋转、连接、打开和关闭都有很大的差异，最终导致整个字体的巨大差异。一般来说，模仿者只能模仿文字的外形。因为他们不能准确理解原始人的书写习惯，所以在比较笔迹时会发现有很大的差异。计算机笔迹识别利用了笔迹的独特性和差异性。

（5）视网膜识别技术

视网膜是一种极其稳定的生物特征，可用作身份认证，是一种高度精确的识别技术，但很难使用。视网膜识别技术使用扫描仪上的激光照射眼球背面，扫描并捕捉数百个视网膜特征点，经过数字处理后形成记忆模板，并存储在数据库中，供以后比较和验证。由于每个人的视网膜互不相同，这种方法可以用来区分每个人。这种技术很少使用，因为担心扫描设备故障会伤害到人的眼睛。

3. 检测监视系统

检测与监控系统一般包括入侵检测系统、传感系统和监控系统。这里的入侵检测系统是指边界检测和报警系统，用于检测和报警未经授权的进入或进入企图。入侵检测系统应由专业人员持续操作，并由专业人员定期维护和测试。传感器系统将传感器分散在不易察觉的地方，但一旦损坏，却很容易找到。传感器系统可以检测设备周围环境的变化，并能对超出范围的情况发出警报。监控系统是一种辅助的安全控制手段，可以预防违法行为，为一些违法行为提供重要证据。监视器通常安装在房间的关键位置，为监视位置或设备提供全动态视频。相应的日期和时间必须记录在视频系统中。

（二）防复制技术

1. 电子"锁"

电子"锁"也称电子设备的"软件狗"。软件运行前要把这个小设备插到一个端口上,在运行过程中程序会向端口发送询问信号,如果"软件狗"给出响应信号,该程序继续执行,则说明该程序是合法的,可以运行,如果"软件狗"不给出响应信号,该程序中止执行,则说明该程序是不合法的,不能运行。当一台计算机上运行多个需要保护的软件时,就需要使用多个"软件狗",运行时需要更换不同的"软件狗",这给用户带来了不便。

2. 机器签名

机器签名(Machine signature)是将机器的唯一标识信息存储在计算机的内部芯片(如只读存储器)中,将软件与特定机器绑定,如果软件检测到它没有在特定机器上运行,则拒绝执行。为了防止跟踪和破解,计算机中还可以安装特殊的加密和解密芯片,密钥也封装在芯片中,该软件以加密形式分发。加密密钥应该与用户机器独有的密钥相同,这样可以确保一台机器上的软件不能在另一台机器上运行。这种方法的缺点是每次运行前必须解密软件,这将降低机器的运行速度。

(三)硬件防辐射技术

1.TEMPEST 标准

TEMPEST 主要研究和解决计算机和外部设备工作时电磁辐射和传导造成的信息泄露问题。为了评估计算机设备辐射泄漏的严重程度和 TEMPEST 设备的性能,有必要制定相应的评估标准。TEMPEST 标准一般包含关于计算机设备电磁泄漏极限的规定以及防止辐射泄漏的方法和设备。

2. 计算机设备的防泄漏措施

(1)屏蔽

屏蔽不但能防止电磁波外泄,而且还可以防止外部的电磁波对系统内设备的干扰,并且在一定条件下还可以起到防止"电磁炸弹""电磁计算机病毒"打击的作用。因此,还需要加强电子设备,如显示器、键盘、传输电缆、打印机等的整体屏蔽。本地电路的屏蔽用于本地设备,如有源设备、中央处理单元、存储芯片、字库、传输线等。符合 TEMPEST 保护标准的计算机在结构、机箱、键盘和显示器上与普通计算机有很大不同。

(2)隔离和合理布局

物理隔离可以隔离有害的攻击,在保证可信网络内部信息不外泄的前提下,可在可信网络之外完成网络间数据的安全交换。物理隔离有以下三个安全要求。

①内部和外部网络是物理隔离的，以确保外部网络不会通过网络连接侵入内部网，同时防止内部网信息通过网络连接泄露到外部网络。

②内部网络和外部网络通过物理辐射相互隔离，以确保内部网络信息不会通过电磁辐射或耦合泄露到外部网络。

③这两个网络环境在物理存储上相互分离。对于断电后丢失信息的组件，如内存和处理器等临时存储组件，应在网络转换期间清除它们，以防止剩余信息离开网络。对于断电的无损设备，如磁带机、硬盘和其他存储设备，内部网和外部网信息应分开存储。

（3）滤波

滤波是抑制传导泄漏的主要方法之一。在电源线或信号线上安装合适的滤波器可以阻断传导泄漏路径，从而大大抑制传导泄漏。

（4）接地和搭接

接地和搭接也是抑制传导泄漏的有效方法。良好的接地和搭接可以为杂散电磁能量提供低电阻接地回路，从而在一定程度上分流掉可能通过电力和信号线传输的杂散电磁能量。该方法结合屏蔽、滤波等技术，可以事半功倍地抑制电子设备的电磁泄漏。

（5）使用干扰器

干扰器是一种能辐射电磁噪声的电子仪器。它通过增加电磁噪声来降低因辐射泄露信息的整体信噪比，并增加了辐射信息被截获后的破解和恢复难度，从而达到"掩盖"真实信息的目的。其保护的可靠性相对较差，因为设备辐射的信息量没有减少。原则上，有用的信息仍然可以通过使用适当的信息处理方法来恢复，只是恢复的难度相对增加。这是一种成本相对较低的保护方法，主要用于保护安全性较低的信息。此外，干扰器的使用也会增加周围环境的电磁污染，对电磁兼容性差的其他电子信息设备的正常运行构成一定的威胁。因此，干扰机只能作为紧急措施使用。

（6）配置低辐射设备

配置低辐射设备就是针对设计和生产计算机时可能产生电磁辐射的组件、计算机信息网络安全研究集成电路、连接线、显示器和其他组件采取辐射防护措施，以最大限度地减少电磁辐射。使用低辐射计算机设备是防止计算机电磁辐射泄漏的基本保护措施。当与屏蔽方法结合使用时，它可以有效地保护绝密信息。例如，可以使用低辐射的液晶显示器来代替高辐射的阴极射线管显示器。

（7）TEMPEST 测试技术

TEMPEST 测试技术是用来检查电子设备是否符合 TEMPEST 标准的。测试内容不限于电磁反射的强度，还包括传输信号内容的分析和识别。TEMPEST 技术标准是保密信息系统认证的基础，也是建立保密信息系统评估体系的前提。它的制定比其他标准更严格，可以具体指导保护工作。由于 TEMPEST 技术的特殊性，国外对其 TEMPEST 技术标准严格保密。

（四）通信线路安全技术

如果所有系统都固定在一个封闭的环境中，并且连接到系统的所有网络和终端都在这个封闭的环境中，那么通信线路是安全的。然而，通信网络产业的快速发展使上述假设不可能成立，因此，当系统的通信线路暴露在非封闭的环境中时，问题就会随之而来。虽然从网络通信线路提取信息所需的技术比从终端通信线路获取数据所需的技术高几个数量级，但是这种威胁总是存在的，并且这种问题也可能发生在网络连接设备上。

通信的物理安全性可以通过用一种简单但非常昂贵的新技术——对电缆加压来实现，这种新技术是为保障美国电话的安全性而开发的。通信电缆用塑料密封，深埋地下，两端加压，并连接到带有报警器的显示器上测量压力。如果压力下降，这意味着电缆可能被损坏，要派维修人员去修理故障电缆。

光纤通信线路曾经被认为是不被窃听的，因为它们的断裂或损坏会被立即检测到。光纤中没有电磁辐射，因此没有电磁感应盗窃的可能性。然而，光纤的最大长度是有限的，超过最大长度的光纤系统必须周期性地放大信号。这需要将信号转换成电脉冲，然后将之恢复成光脉冲，光脉冲继续通过另一条线路传输。完成这一操作的设备是光纤通信系统安全中的薄弱环节，因为信号可能在这一环节被窃听。有两种方法可以解决这个问题：一是不要在距离超过最大长度限制的系统之间使用光纤通信，二是增强复制器的安全性。

三、人员安全

由于人为威胁的主动性和不可预测性，为了应对人为威胁，不同的人员往往受到不同的管理。

（一）外来人员管理

计算机机房作为一个机要的地方不允许未经批准的人进入，对外来人员应采取以下措施。

（1）为外来人员签发临时证件，在核实其身份和目的后允许进入机房。外来人员必须在机房内佩戴临时证件，离开时交回。

（2）禁止外来人员将危险品带入机房。

（3）对于外来人员，应做好相关记录，记录姓名、性别、单位、电话号码、身份证号码、出入机房时间等，供以后验证。

（4）未经批准，禁止在机房内拍照和录像。

（二）工作人员管理

据有关调查显示，大部分的计算机犯罪是由内部员工所为，所以对内部工作人员也要采取一定的管理措施。

（1）机房应采用分区管理制度，针对每个工作人员的实际工作需要，确定其区域权限，无权进入者若要进入，必须经过相关领导的批准。

（2）给机房的工作人员发放身份标志物作为进出机房的识别，并且对跨区域访问者做好进出记录。

（3）禁止携带危险品进入机房，且携带物品时，应由保卫人员进行检查，此外，必须携带违规物品时，必须经由有关领导批准。

（4）禁止将身份标志物借与他人，如若丢失，则要及时上报并补办。未经允许，禁止带领外来人员进入。

（5）为保障机房环境及设备正常运转，未经批准，不得私自改动或移动机房内的电源、服务器、路由器等设备。

（6）未经批准，不能使用照相机、录像机、录音笔或其他存储记录仪器。

（7）对重要信息和关键设备要采用双人工作制，且所有的进出及设备操作都要做好记录，并交由相关部门妥善保存。

（8）定时检查工作人员的进入权限，由于工作需要，要变更工作人员权限时，必须及时更新权限。

（三）保卫人员管理

为了保证系统安全，重要的安全区域都要安排保卫人员，保卫人员应遵循以下规则。

（1）检查、记录和报告擅自离开机房、安全区或建筑物的物品，确认安全后方可离开。

（2）应经常检查安全区的入口点以及未授权的入口点，确认其是否安全。

（3）定期检查是否存在安全隐患，定期检查和维护监控设备、消防设备和供电设备，确保所有设备能够正常运行。

（4）检查文件及其他严格限制区域是否安全，并及时记录和报告可疑人员或活动及其他异常行为。

第三章　计算机信息网络安全技术

本章主要讲述计算机信息网络安全技术，从六个方面展开叙述，分别是数字加密与认证技术、防火墙技术、操作系统安全技术、数据安全技术、病毒防治技术、局域网安全技术。

第一节　数字加密与认证技术

一、密码学概述

数据加密技术是为提高信息系统及数据的安全性和保密性、防止秘密数据被外部破译所采用的主要技术手段之一，也是网络安全的重要技术。目前各国除了从法律上、管理上加强数据的安全保护外，还从技术上分别在软件和硬件两方面采取了措施，推动着数据加密技术和物理防范技术的不断发展。

（一）数据加密技术的种类

按作用不同，数据加密技术主要分为数据传输、数据存储、数据完整性的鉴别、密钥管理技术四种。

（1）数据传输加密技术。其目的是对传输中的数据流加密，常用的方法有线路加密和端—端加密两种。前者侧重在线路上而不考虑信源与信宿，是对保密信息通过各线路采用不同的加密密钥提供安全保护；后者则指信息由发送端自动加密，并进入 TCP/IP 数据包封装，然后作为不可阅读和不可识别的数据穿过互联网，这些信息一旦到达目的地，将被自动重组、解密，成为可读数据。

（2）数据存储加密技术。其目的是防止在存储环节上的数据失密，可分为密文存储和存取控制两种。前者一般是通过加密算法转换、附加密码及加密模块等方法实现；后者则是对用户资格加以审查和限制，防止非法用户存取数据或合法用户越权存取数据。

（3）数据完整性鉴别技术。其目的是对参与信息传送、存取、处理的人的身份和相关数据内容进行验证，达到保密的要求，一般包括口令、密钥、身份、数据等项的鉴别，系统通过对比验证对象输入的特征值是否符合预先设定的参数，实现对数据的安全保护。

（4）密钥管理技术。为了数据使用的方便，数据加密在许多场合集中表现为密钥的应用，因此密钥往往是保密与窃密的主要对象。密钥的媒体有磁卡、磁带、磁盘、半导体存储器等。密钥的管理技术包括密钥的产生、分配保存、更换与销毁等各环节上的保密措施。

（二）密码技术的主要应用

计算机密码学是解决网络安全问题的技术基础，是一个专门的研究领域。密码技术主要有以下几方面的应用：

（1）加密，简言之就是把明文变换成密文的过程。加密是对信息进行重新组合，使只有收发双方才能解码还原信息。传统的加密系统是以密钥为基础的。

（2）解密，就是把密文还原成明文的过程。

（3）认证，是识别个人、网络上的机器或机构。身份认证是一致性验证的一种，验证是建立一致性（Identification）证明的一种手段。身份认证主要包括认证依据、认证系统和安全要求。

（4）数字签名，是将发送文件与特定的密钥捆在一起。大多数电子交易采用两个密钥加密：密文和用来解码的密钥一起发送，而该密钥本身又被加密，还需要另一个密钥来解码。这种组合加密被称为数字签名，它可能成为未来电子商业中首选的安全技术。

（5）签名识别，是数字签名的反过程，它证明签名有效。

二、对称密钥密码体制

对称密钥密码体制属于传统密钥密码系统。如果一个加密系统的加密密钥和解密密钥相同，或者虽不相同，但可以由其中一个推导出另一个，则称为对称密钥密码体制（有时也称为秘密密钥密码系统），如图 3-1-1 所示。

图 3-1-1 对称密钥密码体制

对称密钥加密算法的代表是数据加密标准 DES（Data Encryption Standard），此标准现在由美国国家安全局和国家标准与技术局来管理。另一个系统是国际数据加密算法（IDEA，International Data Encryption Algorithm），它比 DES 的加密性好，而且需要的计算机功能也不那么强。IDEA 加密标准由 PGP（Pretty Good Privacy）系统使用。

（一）DES 加密算法

DES 是一种数据分组的加密算法，它将数据分成每组长度为 64 位的数据块，使用的密钥长度为 64 位，其中实际密钥长度为 56 位，另有 8 位作为奇偶校验。首先将明文数据进行初始置换，得到 64 位的混乱明文组，再分成两段，每段 32 位；然后进行乘积变换，在密钥的控制下，做 16 次迭代；最后进行逆初始变换而得到密文。

对称密码体制也称为私钥加密法。这种方法已经使用几个世纪了，收发加密信息双方使用同一个私钥对信息进行加密和解密。对称密码体制的优点是具有很高的保密强度，但它的密钥必须按照安全途径进行传递，根据"一切秘密寓于密钥当中"的公理，密钥管理成为影响系统安全的关键性因素，难以满足开放式计算机网络的需求。常见的对称密钥密码系统有 DES、FEAL、IDEA、SKIPJACK 等。

（二）对称密码体制的不足

（1）密钥使用一段时间后就要更换，加密方每次启动新密码时，都要经过某种秘密渠道把密钥传给解密方，而密钥在传递过程中容易泄露。

（2）网络通信时，如果网内的所有用户都使用同样的密钥，那就失去了保密的意义。但如果网内任意两个用户通信时都使用互不相同的密钥，N 个人就要使用 N（N－1）/2 个密钥。因此，密钥量太大，难以进行管理。

（3）无法满足互不相识的人进行私人谈话时的保密性要求。在 Internet 中，有时素不相识的两方需要传送加密信息。

（4）难以解决数字签名验证的问题。

在对称密钥密码体制中，使用的加密算法比较简便高效，密钥简短，破译极其困难。其主要缺点就是密钥的传递渠道解决不了安全性问题，不适合网络环境邮件加密需要。美国斯坦福大学的两位研究人员 Diffie 和 Hellman 为解决密钥管理问题，于 1976 年提出一种密钥交换协议，允许通信双方在不安全的媒体上交换信息，安全地达成一致的密钥。在此新思想的基础上，很快出现了"不对称密钥密码体制"，即"公开密钥密码体制"。

三、公开密钥密码体制

可以将一个加密系统的加密密钥和解密密钥分开，加密和解密分别由两个密钥来实现，并使得由加密密钥推导出解密密钥（或由解密密钥推导出加密密钥）在计算上是不可行的。采用公开密钥密码体制的每一个用户都有一对选定的密钥，其中加密密钥不同于解密密钥，加密密钥公之于众，谁都可以用，解密密钥只有解密人自己知道，分别称为"公开密钥"（Public Key）和"私密密钥"（Private Key）。公开密钥密码体制也称为不对称密钥密码体制，如图 3-1-2 所示。

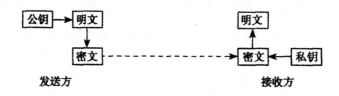

图 3-1-2　公开密钥密码体制

公开密钥密码体制是现代密码学的最重要的发明和进展。保护敏感的信息一直是密码学多年来的重点。但是，这仅仅是当今密码学主题的一个方面，对信息发送人身份的验证是密码学主题的另一方面。公开密钥密码体制为这两方面的问题都给出了出色的答案，并正在继续产生许多新的思想和方案。公开密钥加密方法的典型代表是 RSA 算法。

（一）RSA 算法

1978 年就出现了 RSA（Rivest Shamir Adleman）算法，它是第一个既能用于数据加密也能用于数字签名的算法。算法的名字以发明者美国的三位科学家名字命名：Ron Rivest，Adi Shamir 和 Leonard Adleman。但 RSA 的安全性一直未能得到理论上的证明。

RSA 的安全性依赖于大数分解。公钥和私钥都是两个大素数（大于 100 个十进制位）的函数。据猜测，从一个密钥和密文推断出明文的难度等同于分解两个大素数的积。

简言之，找两个很大的质数，一个作为"公钥"公开给世界，一个作为"私钥"不告诉任何人。这两个密钥是互补的，即用公钥加密的密文可以用私钥解密，反过来也可以。假设甲要给乙发送信息，他们互相知道对方的公钥。甲就用乙的公钥加密信息发出，乙收到后就可以用自己的私钥解密出甲的原文。由于没别人知道乙的私钥，从而解决了信息保密问题。由于每个人都可以知道乙的公钥，他们都能给乙发送信息。乙需要确认的却是甲发送的信息，于是产生了认证的问题，这时候就要用到数字签名。RSA 公钥体系的特点使它非常适合用来满足上述两个要求：保密性（Privacy）和认证性（Authentication）。

PGP 是一个工具软件，在 Internet 上向认证中心注册后就可以用它对文件进行加解密或数字签名，PGP 所采用的是 IDEA 和 RSA 算法。

除了基于数论的 RSA 公开密钥体制外，在短短的几十年中相继出现了几十种公开密钥密码体制的实现方案。如 W.Deffie 和 M.E.Hellmanbit 提出了一种称为 W.Deffie 和 M.E.Hellman 协议的公开密钥交换体制，其保密性基于求解离散对数问题的困难性。我国学者陶仁骥、陈世华提出的有限自动机密码体制是目前唯一的以一种时序方式工作的公开密钥体制，它的安全性是建立在构造非线性弱可逆有限自动机的困难性和矩阵多项式分解的困难性上的。Merkle 和 Herman 提出了一种将求解背包的困难性作为基础的公开密钥体制。此外，在上述基础上还形成了众多的变形算法。

目前，常见的公开密钥密码系统有 RSA>DSA（Digital Signature Algorithm）>SHA（Secure Hash Algorithm）等。

（二）公开密钥密码体制的优点

（1）密钥分配简单。由于加密密钥与解密密钥不同，且不能由加密密钥推导出解密密钥，因此，加密密钥表可以像电话号码本一样分发给各用户，而解密密钥则由用户自己掌握。

（2）密钥的保存量少。网络中的每一密码通信成员只需要秘密保存自己的解密密钥，N 个通信成员只需要产生 N 对密钥，便于密钥管理。

（3）可以满足互不相识的人之间进行私人谈话时的保密性要求。

（4）可以完成数字签名和数字鉴别。发信人使用只有自己知道的密钥进行签名，收信人利用公开密钥进行检查，既方便又安全。

实际上，一方面，对称密码体制算法比公钥密码体制算法快；另一方面，公钥密码体制算法比对称密码体制算法易传递，因而在安全协议中（如 SSL 和 S/MIME），两种体制均得到了应用。这样，既提供了保密又提高了通信速度。应用时，发送者先产生一个随机数（即对称密钥，每次加密密钥不同），并用它对信息进行加密，然后用接收者的公共密钥用 RSA 算法对该随机数加密。接收者接收到信息后，先用自己的私人密钥对随机数进行解密，然后再用随机数对信息进行解密。这样的链式加密就做到了既有 RSA 体系的保密性，又有 DES 或 IDEA 算法的快捷性，如图 3-1-3 所示。

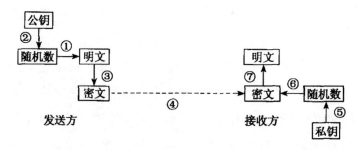

图 3-1-3　两种密码体制的混合应用

当然，大多数安全协议比上述过程复杂得多，SSL 就是采用上述技术实现通信安全的安全协议之一。

（三）公开密钥认证

因为任何人都可以获得公开密钥，公开密钥存在的问题是能否信任使用密钥的密钥持有者。认证是指用户必须提供身份证明，如他是某个雇员、某个组织的代理、某个软件过程（如股票交易系统或 Web 订货系统的软件过程）。

每个密钥有它们自己的标识（keyID），keyID 是一个 8 位十六进制数，两个密钥具有相同 keyID 的可能性是几十亿分之一。公开密钥证明也称为数字 ID、数字证书、数字护照，有关公开密钥证明的内容在 ITU（国际电信联盟）制定的 X.509 标准中。在网络上，该证明，即数字 ID 的作用就像学生的校徽、公民的护照或司机的驾驶执照。例如，某些服务器仅对通过了认证的密钥用户提供访问权。

目前使用的 ITUX.509 第 3 版标准定义了兼容的数字证书模块，其主要模块是密钥持有者的名称、密钥持有者的公开密钥信息和证书管理机构（Certificate Authority，CA）的数字签名（数字签名保证证书不被修改，也不可冒名顶替）。X.509V3 数字证书还包括证书发行人的名字、发行人的唯一识别码、密钥持有者的唯一识别码、证书的序列号及有效期、证书的版本号和签字算法等。使用 Novell 目录服务、Lotus Notes 和 PGP 的用户使用数字证书，但它们不使用 X.509 标准。

四、认证

（一）随机函数

除了加密算法之外，另有一种函数可用于鉴别数据在传送过程中是否遭到篡改或干扰，也就是能确保数据的真实性及完整性（Integrity），这种函数称为随机函数（Hash Function，有时也称为哈希函数），又称为信息摘要（Message Digest）。

随机函数是将一个欲传送的信息转换成一个固定长度的随机数值，这个信息的长度不定，但转换所得的随机数值长度是固定的（如 128 位），这个转换的随机值可视为此信息的代表值，信息的内容不同，则其随机值也会有所差异，所以又称为信息摘要。

用随机函数来确认数据完整性的运作过程如图 3-1-4 所示，发送端在进行传输之前，会事先计算其随机值，将此随机值与信息一起送出，接收端收到信息后，先运用相同的随机函数计算收到信息的随机值，再与发送端送来的随机值进行比较，如有不同，便表示信息在传送的过程中有变动，可能受到了干扰、破坏或篡改。

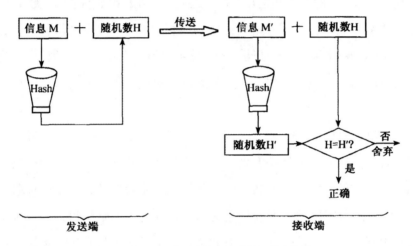

图 3-1-4　用随机函数来确认数据的完整性

良好的随机函数算法应该具有极高的灵敏度，能对送出信息的任何变动有所感应，也就是说所算出来的随机值也会随之不同。要使所产生的随机值相同的概率非常低，除了与随机函数的算法有关外，也与该随机值的长度有直接的关系，位数越多，随机值重复的概率也就越小。常见的随机函数算法有 MD5（Message Digest Algorithm 5）、SHA。

（二）如何认证

在数据传输中，加密可确保数据的私密性，随机函数可确保数据的完整性，除此之外，还要求能达到传输的不可否认性。达到不可否认性的主要目的是确保传输完成后，发送者无法否认曾发送该信息，也就是说可确认发送者的身份。而要达到传输的不可否认性，便要进行认证（Authentication）的工作，若不进行认证，可能他发送了数据，而后却否认了，或者有人冒充某人名义发送数据而某人还不知道，而这个冒充者也有可能就是接收者自己，为了避免造成诸如此类的纠纷或争议，认证的工作是非常重要的。

以公开密钥系统进行加密也是用来进行认证的良好工具，只是密钥的使用需要调整，在下面的几个图中，展示了加解密的三种处理方式，对这项工作进行了说明，假设数据是由 A 发送给 B 的。

图 3-1-5 所示的情况是公开密钥密码系统的运作方式。这种作业方式可以确保数据的私密性，除了 B 可以用自己的私钥进行解密之外，其他人无法从密文中得知数据的内容，但因任何人都可以取得 B 的公钥进行加密，因此并无法确认此数据是由何人加密传送的。

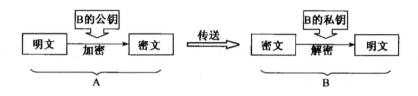

图 3-1-5　加解密处理方式一

图 3-1-6 所示的情况是，A 以自己持有的私钥对数据加密，再将信息传送给 B，B 收到密文后，运用 A 的公钥将之解密，因为这个加密的私钥只有 A 拥有，因此，这个信息一定是由 A 发送的，A 无法否认。但这样的作业却无法达到数据传输的私密性，因为，用以解密的公钥是 A 所公开的，任何人只要取得 A 的公钥，便可将该密文解密，这样就无法保障数据传输的私密性。

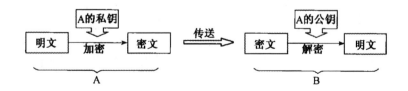

图 3-1-6　加解密处理方式二

在图 3-1-7 中，将上述两种作业方式结合，既可保障数据传输时的私密性，又可达到数据传送的不可否认性。首先，数据先以 B 的公钥进行加密，所得的密文再以 A 的私钥做第二次加密，然后传送出去，接收端收到信息之后，先后以 A 的公钥及 B 的私钥进行解密，如此一来，只有 B 能将密文解密，而 A 也无法否认数据是由他发送的。

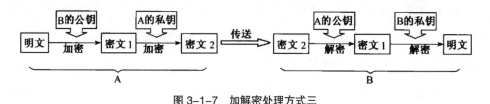

图 3-1-7　加解密处理方式三

这样的机制看起来很完美，但毕竟运用公开密钥密码系统进行加解密工作，其计算是非常复杂的，对传输工作而言是一个很重的负担，因此，又有了数字签名来进行认证的手段。

（三）数字签名

日常生活中，通常会以盖章或签名的方式来表示自己对文件的负责，而在电子数据的传输中，一种类似签名的功能可用于表示自己身份的机制，也就是所谓的"数字签名"（Digital Signature），它可用于对数据发送者的身份进行识别。

数字签名是将随机函数与公开密钥系统一起配合使用来实现的，如图 3-1-8 所示。

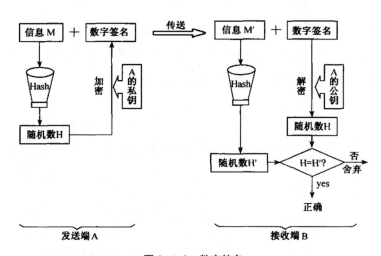

图 3-1-8　数字签名

首先，运用随机函数计算出信息的随机值，发送端 A 再以自己的私钥对该随机值进行加密，然后发送出去，此处加密后的随机值密文便是数字签名。因为它以发送端 A 的私钥进行加密，而这个私钥只有发送端 A 拥有，因此该数字签名可用于表示发送端 A 的身份。由于仅对固定长度的随机值进行加密，其运算就轻松多了。

接收端 B 收到信息后，先将该数字签名以发送端 A 的公钥解密，以得到发送端 A 计算出来的随机值，然后对收到的信息再次计算随机值，将两个随机值进行对比，看看两者是否相等，以确保其信息的完整性（没有被篡改）和不可否认性。

值得注意的是，上述操作中，信息仍然是以明文传送的，若要进一步让信息也能确保其私密性，只要再运用加密法对信息加密即可。换句话说，数字签名主要是用于保证信息没有被篡改和不可否认，并不保证数据的私密性。

因为接收端在对数字签名进行解密时使用的是发送端的公钥，所以第三方也可以得知这个公钥。如果第三方截获了发送端的这个信息和数字签名，也可以对数字签名解密，第三方可能将信息篡改，并用随机函数重新计算信息的随机值，想要冒充发送端发出一个信息，但第三方不知道原发送端的私钥，只能用第三方自己的私钥对随机值进行加密，这样接收端必然得知这个信息不是来自原发送端，这就提供了一个安全确认发送端身份并保证信息没有被篡改过的方法。

安全的数字签名使接收端可以得到保证：文件确实来自声称的发送端。鉴于签名私钥只有发送端自己保存，他人无法做一样的数字签名，因此他不能否认他参与了交易。

（四）数字证书

虽然运用公开密钥系统及数字签名似乎可以达到相当理想的身份认证目的，但密钥究竟要在何处取得？又要如何证明该公钥的所有者？若密钥所有者否认，就会造成认证工作无法认定的现象，因此，要有一个公正的认证机构（CA）来做认证的工作。

CA 主要负责管理使用者的公钥并签署数字证书（Digital Certificate），以证明网络使用者的身份，因此，这个机构必须是大家信任的机构。网络使用者必须向

CA 申请数字证书，就如同我们向户政机关申请身份证一样，以便在网络通信时可以证明自己的身份。

数字证书中包含的数据主要有以下几项：

（1）序号：由 CA 指配的编号，如同我们的身份证号，是唯一且不重复的。

（2）使用者：如使用者姓名等数据。

（3）使用者公钥：提供公开使用的公钥及其算法。

（4）有效日期：证书有效日期，超过有效日期时该证书便失效，需要重新申请或申请延期。

（5）发证者：签发证书的认证机构（CA）名称。

（6）证书签名：CA 以自己的私钥对此证书进行的签名，而运用 CA 的公钥也可以验证这张证书的真伪。CA 用私钥进行签名，还可使得证书无法伪造。

（7）算法：用于计算证书签名的算法。

使用证书有以下两种形式：

（1）由发送端主动将证书传送给接收端，以证明自己的身份，接收端收到证书后，便以已知的 CA 公钥来证明该证书的真实性，一旦证实该证书确为发送端所有，则可证明发送端的身份，从而达到不可否认性的确认，或作为日后传送给发送端时加密使用。这种形式主要用于身份认证。

（2）由发送端直接向 CA 取得接收端的证书，当然，发送端也必须具有该 CA 所签发的证书，CA 才会将接收端的证书发送给它，发送端收到证书后仍先以 CA 的公钥确认该证书的真实性，确认无误后，发送端可从证书取得接收端的公钥，将要传送给接收端的数据以接收端的公钥加密传送给接收端，接收端收到密文后，以自己的私钥解密，这样可确保其数据的私密性。这种形式主要用于数据传输加密。

第二节　防火墙技术

随着互联网的日益普及，越来越多的企事业单位开始通过互联网发展业务和提供服务。但是互联网在为人们提供方便的同时，由于其自身的开放性，也带来了潜在的安全威胁。这些安全威胁打击了人们对互联网的信心。如何为网将提供尽可能强大的安全防护成为人们关注的焦点。在这种情况下，防火墙进入了人们的视野。

一、网络防火墙概述

（一）网络防火墙的概念

在古代，人们使用木质结构建造房屋时，为了防止发生火灾以及火灾蔓延，人们将石头堆砌在房屋周围当作屏障，这种屏障就是防火墙。到了现代，人们沿用了防火墙的概念，运用防火墙来保护计算机系统中的敏感数据，避免遭到篡改或窃取，这种防火墙是由计算机系统构成的。

随着互联网的不断发展，人们对计算机的应用越来越普遍，但各种计算机入侵攻击手段也相继出现。为了保护计算机系统的安全，人们开发出了一种防御系统，即防火墙，将它置于用户计算机和外界网络之间，所有经过计算机的数据都要由防火墙进行判断后才能交给计算机，如果发现有害数据，防火墙会及时进行拦截，从而保护计算机安全。

从狭义角度来讲，防火墙是指安装防火墙软件的路由器或主机；从广义角度来讲，防火墙还包括整个网络的安全策略与安全行为。可以说，防火墙是一个分析器、限制器以及分离器，能够监控内部网络与外部网络的活动，确保内部网络的安全。防火墙有很多形式，可以硬件形式单独出现，也可以软件形式运行在计算机上，还可以固件形式设计在路由器中。

防火墙是一种有效的网络安全机制。防火墙设置的主要目的是保护一个网络不受到其他网络的攻击。一般情况下，被保护的网络是自己的或负责管理的，而需要防备的是外部网络。外部网络不可信赖，可能会有人通过外部网络对内部网络进行攻击，破坏网络安全，因此防火墙技术得到了广泛应用。为了让防火墙充分发挥作用，所有去往和来自外部网络的信息都应该经过防火墙，接受防火墙的检查。通过防火墙检查的数据，才能够进入内部网络。防火墙本身应该能够免于渗透，一旦防火墙被入侵者突破，就不能提供保护了。

下面说明与防火墙有关的概念。

主机：与网络系统相连的计算机系统。

堡垒主机：该计算机系统是内部网络的主要连接点，但同时又暴露给外部网络，因此很容易被攻击，必须严加保护。

双宿主主机：具有两个网络接口的计算机系统。

包：互联网通信的基本信息单位。

路由：对收到的数据包选择正确的接口并转发的过程。

数据包过滤：计算机系统对出入内部网络的数据包根据既定规则进行控制和操作。大多是对外部网络进入内部网络的数据包进行过滤。用户可以设定规则，指定哪些数据包可以出入内部网络。

外部网络（外网）：防火墙之外的网络，一般为互联网，默认为风险区。

内部网络（内网）：防火墙之内的网络，一般为局域网，默认为安全区。

参数网络：又称"非军事区"，即 DMZ（Demilitarized Zone），是在内部网络和外部网络之间添加的一个网络，以提高安全控制。

代理服务器：代表内部网络用户和外部网络服务器进行交换的计算机（软件）系统，将经过审查的内部用户需求传递到外部网络服务器，并将外部网络服务器的响应传送给用户。

网关：也叫协议转换器，是在网络层上一个网络连接到另一个网络的关口，以实现网络互联。

（二）网络防火墙的特性

一个优秀的防火墙系统应该具有以下几方面的特性。

第一，任何经过内部网络和外部网络之间的数据都必须经过防火墙。这是防火墙所处位置的特性，也是前提。只有当内部网络与外部网络的唯一通信通道是防火墙时，才能更有效地保护内部网络。

第二，只有防火墙中安全策略允许的数据，即被授权的合法数据，才能通过防火墙。防火墙首先要确保网络流量的合法性，然后将网络流量快速地从一条链路转到另外的链路上。通常防火墙具有两个网络接口和两个网络层地址。将网络流量通过网络接口进行接收、上传，在协议层进行安全审查，将通过审查的报文从网络接口送出，阻断不能通过审查的报文。从这个角度来看，防火墙跨接在多个网段之间，在报文转发过程中进行报文审查。

第三，防火墙不受各种攻击的影响。防火墙之所以能够防护内部网络安全，是因为具有强大的抗攻击能力。防火墙位于网络边缘，与边界卫士相似，随时都可能遇到黑客的攻击，因此，防火墙应该具备足够的抗入侵能力。防火墙系统所具有的完整信任关系的操作系统是它具有强大本领的原因。此外，防火墙还应该具有较低的服务功能，除专门的防火墙嵌入系统外，没有其他程序在防火墙上运行，但这种安全性是相对的。

第四，一个优秀的防火墙应使用最先进的信息安全技术。

第五，防火墙应该人机界面良好，用户便于使用且便于管理，管理员能够便捷地设置防火墙。

第六，通常情况下，防火墙安装在内部网络和外部网络的连接点上进行访问控制。防火墙既是堡垒主机、路由器以及其他网络安全设备的组合，还是安全策略的一部分。

安全策略应告诉用户应有的责任、用户认证、数据加密、病毒防护措施等。任何可能受到网络攻击的地方都应该进行安全保护，不能单纯设置防火墙系统而没有全面的安全策略。

（三）网络防火墙的目的

（1）限制访问者进入一个被控制的点。

（2）限制访问者离开一个被控制的点。

（3）防止攻击者接近设备。

（4）检查、过滤、筛选、屏蔽信息流中的有害信息。

（四）网络防火墙的功能

简单而言，防火墙是位于内部网络和外部网络之间进行访问控制的设备，防止未授权用户访问内部网络，并保证内部网络安全运行。可以说，在进入防火墙后，内部网络和外部网络的划分边界是由防火墙决定的，应该确保内部网络与外部网络之间的通信必须经过防火墙，同时还要确保防火墙自身的安全。具体而言，网络防火墙应该具有以下功能。

1. 网络安全的屏障

防火墙为内部网络建立了一个安全屏障，它通过安全审查，过滤出不安全的数据包来降低风险，提高内部网络的安全性。只有通过安全审查的数据才能经过火墙，禁止不安全的协议进入内部网络。

2. 强化网络安全策略

可以设定以防火墙为中心的安全方案，将所有的安全功能都配置到防火墙上，如身份认证、口令、加密、审计等。与分散式安全管理相比，防火墙的安全管理更为集中、经济。例如，在网络访问时，身份认证系统和密钥密码系统只需要集中在防火墙上，而不必分散在各个主机上。

3. 监控网络访问和存取

任何通过内部网络的访问都必须经过防火墙，防火墙通过日志记录这些访问。一旦发生可疑情况，防火墙应该立即告警，并提供探测和攻击信息。另外防火墙还需要收集网络的使用情况和误用情况，并提供网络使用情况的统计数据。统计数据的目的是了解防火墙能否抵御入侵者的探测和攻击，了解防火墙对网络访问的控制是否全面，分析网络需求和网络威胁。

4. 防止内部信息外泄

根据防火墙对内部网络的划分，隔离内部网络中的重点网段，以免出现敏感或局部重点的网络安全问题，进而影响全局网络。内部网络非常关注隐私问题，要避免内部信息外泄。内部网络中一个不引人注意的细节也可能包含有关安全的信息，暴露内部网络中的安全漏洞，进而引起入侵者的注意。通过防火墙可以隐藏那些透露内部网络细节的服务。

5. 安全策略检查

防火墙是一个安全策略的检查站，对来自外部的网络进行检测和报警，并将检查出来的可疑访问拒之网外。

（五）网络防火墙的设计

1. 网络防火墙的设计要求

从网络安全角度出发，防火墙的设计应满足以下几点要求。

第一，防火墙应该由若干构件组成，从而形成具有一定冗余度的安全系统，防止成为单失效点。

第二，防火墙能够监控和审计网络通信，抵御黑客的攻击。

第三，如果系统失效、重启或崩溃等，应该由防火墙来控制网络的接口，阻断内外网络的连接，以免攻击者攻击。

第四，防火墙应该提供强制认证服务。任何对内部网络的访问都要经过防火墙的认证检查。

第五，防火墙应该保护内部网络，隐藏内部网站的地址和内部网络的拓扑结构，发挥屏蔽作用。

2. 网络防火墙的设计准则

安全策略是防火墙设计的基础和灵魂。通常情况下，防火墙的设计应该遵循以下设计准则。

第一，禁止一切未经允许的访问。防火墙阻断所有的信息流，然后根据希望开放的服务逐步开放。这种方法能够形成一个十分安全的网络环境，但用户的服务范围会受到限制。

第二，允许一切未被禁止的访问。防火墙开放所有的信息流，然后逐步屏蔽有害的服务。这种方法能够形成一个比较灵活的环境，但较难提供安全可靠的保护，尤其是保护范围扩大时。

建立防火墙是在对网络服务功能拓扑结构认真分析的前提下，在内部网络周边，通过专用软件、硬件以及其他管理措施，对外部网络的信息进行控制、检测，甚至修改的手段。

（六）网络防火墙的优缺点

1. 网络防火墙的优点

防火墙作为一种重要的网络安全技术和设备，它带给使用者的好处是显而易见的，具体来说有以下几点。

（1）防火墙允许网络管理员定义一个检查点，以避免非法用户进入内部网络，并抵抗各种攻击。网络的安全性在防火墙上得到加固，而不是增加受保护的内部网络各个主机的负担。

（2）防火墙通过过滤存在安全缺陷的网络服务来减少网络威胁，只有通过审查的网络服务才能通过防火墙。脆弱的服务只能在系统整体安全策略的控制下，在受保护网络的内部实现。

（3）防火墙能够强化私有权，阻断一些提供主机信息的服务，提高受保护点的保密性。

（4）防火墙通过设置，来准确控制外部网络对内部子系统的访问，提高内部网络中各个子系统的封闭性，有利于实施安全策略。

（5）防火墙具有集中安全性，如果内部网络中所有或大部分的安全程序集中在防火墙上，而不是分散到内部网络中的各个主机上，则防火墙监控的范围会更加集中，有利于进行监控，降低安全成本。

（6）通过防火墙可以比较便捷地监控网络通信流，并产生警告信息。网络面临的问题不是是否会受到攻击，而是什么时候受到攻击，因此对通信流的监控是一项需要持之以恒的工作。

（7）防火墙是记录和审计网络行为的最佳手段。由于所有的网络访问流都要经过防火墙，所以网络管理员可以在防火墙上记录、分析网络行为，并以此检验安全策略的执行情况或者改进安全策略。

（8）防火墙不仅可以监控网络安全，还能向用户发布信息，即防火墙可以连接 WWW 服务器和 FTP 服务器等设备，允许外部网络访问。

（9）防火墙为安全策略提供了实施平台。如果没有防火墙，那么系统整体安全策略的实施多半靠的是用户的自觉性和内部网络中各台主机的安全性。但是实践已经证明，这种方法不具有可行性。网络安全建设在某种程度上可以说是内部人员对网络安全的漠视与无知的"拉锯战"。而防火墙则可以忠实地执行既定的网络安全策略，无须反复地进行教育、培训和"斗争"。

正是由于防火墙技术的这些显而易见的优势，所以从现在到将来的相当长的一段时间内，防火墙技术仍然是保证系统安全的主要技术。

2. 网络防火墙的缺点

尽管防火墙的功能比较丰富，但它并不是万能的，安装了防火墙的系统仍然存在着很多安全隐患和风险。防火墙的局限性主要表现在以下几个方面。

（1）不能防范恶意的知情者

目前防火墙只能防护来自外部网络的攻击，对内部网络的攻击只能依靠其主机系统的安全性。防火墙能够禁止用户向网络发送特有的信息，但用户能够通过U盘等将数据复制出去。防火墙对已经处于内部网络的攻击者无能为力。内部网络的用户可以破坏软件、硬件，篡改、窃取数据，并且能够巧妙地修改程序但却不接近防火墙。因此，要加强对恶意知情者的防范。

防火墙虽然可以过滤网络数据，但是对于相对容易获取数据的内部用户来说，网络只是数据传递的途径之一，还可以直接将数据复制到软盘、光盘或者移动硬盘等存储介质中带走。内部用户甚至可以篡改或破坏防火墙的配置程序，导致防火墙不能发觉可疑信息。如果入侵者就在内部网络中，与其他合法的内部用户一样，他的行为防火墙也是难以控制的。目前，针对这个问题的解决办法是加强防火墙对内部用户的审计功能，加强对内部用户的教育和管理，采用多级防火墙等，但还是不能完全解决这个问题。

无法防范内部人员泄露机密信息。有一种网络攻击手段叫作"社会工程"攻击，即黑客冒充网络管理人员或者新雇员诱惑其他没有防范心理的内部用户提供自己的用户名和密码或授予临时的网络访问权限，然后通过这些重要信息对内部网络展开攻击，对此，防火墙无能为力。可行的解决办法是制定严格的保密制度，防止机密信息外泄，加强对内部人员的教育，使他们了解账户和密码的重要性，并熟知如何维护自己的账户和密码。

（2）不能防范旁路连接

防火墙能够防范通过它的信息传输，但不能防范不通过它的信息传输。例如，如果站点允许对防火墙后的内部系统进行拨号访问，那么防火墙就不能阻止入侵者进行拨号攻击；如果内部用户对需要附加认证的代理服务器感到厌烦，而绕过防火墙的安全系统，就容易造成后门攻击。

（3）不能防备全部的威胁

防火墙是一种被动式的防护手段，被用来防备已知的威胁。一个优秀的防火墙设计方案，应该能防备新的威胁，但它不能自动防备所有新的威胁。随着网络运用的大量出现以及网络攻击手段的不断更新，一次性的防火墙设置不能永远解决内部网络的安全问题。

防火墙无法防范数据驱动型攻击。数据驱动型攻击将攻击代码伪装成正常的程序，通过电子邮件等网络数据传递系统发送到目标网络中的某台主机上。一旦用户警惕性不高，疏于检查，直接执行攻击代码，则主机相关的安全文件将被修改，而外部的攻击者则会趁机利用被修改后的漏洞侵入主机实施侵害行为。使用代理服务器是抵御数据驱动型攻击的有效手段，此外还需要制定一套严格的规章制度，加强对内部用户的网络安全教育。

（4）不能防范所有的病毒

防火墙不能防范从网络上感染的计算机病毒。由于计算机病毒类型众多，计算机操作系统也有很多种，编码和压缩二进制文件的方法也不尽相同。因此，不能单纯依靠防火墙去防范病毒。

防火墙的工作内容是对网络数据、服务以及用户行为，根据既定策略进行访问流向、访问权限和数据级别等方面的监控。一般情况下，病毒作为数据包的载荷部分进行传递，较难确定哪些载荷为病毒代码。即使防火墙进行了深度的内容过滤，它还要启动病毒的检测引擎对病毒进行确定、分类，最后才实施报警和阻断功能。这个过程将要耗费大量的系统资源，数据包的检测速度也会变得很慢。此外，病毒的产生速度远比病毒库的更新速度快得多，不断地更新病毒库会耗费相当多的防火墙资源，影响防火墙对数据包的检测。

总而言之，病毒检测不是防火墙的"主业"，实施该项功能会对防火墙的性能产生较大的影响。需要注意的是，防火墙不是不能支持病毒检测的功能，只不过会对防火墙的性能产生不利的影响，是否添加这个功能需要用户对配的安全需求有一个明确的决定。

（5）限制网络服务

安全和自由向来都是一对矛盾体。防火墙为了保证内部网络的安全，必须要对进出内部网络的数据流进行监控，并且会拒绝它认为将对内部网络产生威胁的数据。许多不安全的网络服务就被防火墙阻断了，但是如果要充分地享有上网的自由，很多被防火墙阻断的网络服务又是必不可少的。

总之，必须要在安全与自由之间找到一个妥协点、平衡点。一般来说，在组织或机构的内部网络中，组织或机构的利益永远是高于个人利益的。在纯属个人的使用环境里，安全地使用计算机要比防范病毒、木马带来的麻烦重要得多。

（6）配置问题

从防火墙无法防范所有威胁的不足，还引申出对人的较高要求，即防火墙管理人员必须拥有丰富的信息安全相关知识，并具有较高的计算机网络安全技术水平。很多防火墙引起的安全问题并不是由于防火墙本身的缺陷，而是防火墙管理人员在配置防火墙尤其是配置过滤规则时出现了错误，这种错误是很难避免的。一个防火墙的规则少则几十条、数百条，多则成千上万条，规则与规则之间的关系是极为复杂的，有互斥、并列、包含等多种。随着网络应用的不断深入，不同的规则又逐步添加进规则库，它们与以前的规则间的关系需要认真考虑，在这个过程中只要稍有不慎就会造成规则的屏蔽等系统漏洞。解决的办法只有加强防火墙管理人员的岗位技能培训，加强对规则库的研究和管理。

（7）速度问题

一直以来，防火墙的性能为用户所诟病。在宽带技术已经普及的今天，在网络流量汇聚节点上进行限速而且全面深入的数据检查确实是一件非常困难的事情。人们开发出了许多新的软件和硬件技术来改进防火墙，但是依然没有完全跟上网络速度提升的步伐。最明显的表现就是，一旦启动防火墙，用户就会感到数据访问的速度变慢了。

（8）单失效点问题

现在还有很多传统的防火墙在使用，而且在可预见的将来它依然是防火墙应用的主流。传统的防火墙主要将防火墙置于内联网络和外联网络相连接的关键点处。在这种情况下，防火墙成了系统网络访问的瓶颈。一旦防火墙失效，内联网络与外联网络的连接将断开。虽然混合式防火墙部分解决了这个问题，将一个点的压力分散给多个防火墙模块共同承担，但还是存在着网络操作中心这个单失效点。分布式防火墙虽然从原理上解决了这个问题，但其在实现上还有很多的问题需要仔细研究和处理。

尽管如上所述，防火墙存在着这样和那样的问题，但仍然不失为一种好的网络安全技术和设备。用户面临的大部分安全威胁，防火墙都可以进行有效的处理。只要配合精心制定的、合适的系统整体安全策略，加强人、设备以及制度的建设，防火墙将会发挥极大的安全作用。而且防火墙也不是一成不变的，各种新思想、新技术都不断地在防火墙中得以应用。

二、网络防火墙的管理与维护

（一）网络防火墙的日常管理

日常管理是经常性的琐碎工作，除保持防火墙设备的清洁和安全外，还有以下三项工作需要经常去做。

1. 备份管理

这里的备份指的是备份防火墙的所有部分，不仅包括作为主机和内部服务器使用的通用计算机，还包括路由器和专用计算机。路由器的重新配置一般比较麻烦，而路由器配置的正确与否则直接影响系统的安全。

用户的通用计算机系统可设置定期自动备份系统，专用机（如路由器等）一般不设置自动备份，而是尽量进行手工备份，在每次配置改动前后都要进行，可利用简单文件传输协议（TFTP）或其他方法，一般不要使路由器完全依赖于另一台主机。

2. 账户管理

增加新用户、删除旧用户、修改密码等工作也是经常性的工作，千万不要忽视其重要性。设计账户添加程序，尽量用程序方式添加账户。尽管在防火墙系统中用户不多，但用户中的每一位都是一个潜在的威胁，因此做些努力保证每次都正确地设置用户是值得的。人们有时会忽视使用步骤，或者在处理过程中暂停几天。如果这个漏洞碰巧留出没有密码的账户，入侵者就很容易侵入。

保证用户的账户创建程序能够标记账户日期，而且使账户在每几个月内自动接受检查。用户不需要自动关闭它，但是系统需要自动通知用户账户已经超时。

如果用户在登录时更改自己的账户密码，则应有一个密码程序强制使用强密码。如果用户不做这些工作，人们就会在重要关头选择简单的密码。总之，一般简单地定期向用户发出通知是很有效的，而且是简单易行的。

3. 磁盘空间管理

即使用户不多，数据也会经常占满磁盘可用空间。人们把各种数据转存到文件系统的临时空间中，"短视行为"促使人们在那里建立文件，这会造成许多意想不到的问题，不但占用磁盘空间，而且这种随机碎片很容易造成混乱。

在多数防火墙系统中，主要的磁盘空间问题会被日志文件记录下来。当用户试图截断或移走日志文件时，系统应自动停止程序运行或使它们挂起。

（二）网络防火墙的系统监控

1. 专用监控设备

监控需要使用防火墙提供的工具和日志，同时也需要一些专用监控设备。例如，可能需要把监控站放在周边网络上，只有这样才能监视用户所期望的包通过。

如何确定监控站不被入侵者干扰是一件很重要的事。事实上，最好不要让入侵者发现它的存在。管理员可以在网络接口上断开传输，于是这台机器对于侵袭者来说难以探测和使用。在大多数情况之下，管理员应特别仔细地配置机器，像对待一台堡垒主机一样对待它。

2. 监控的内容

理想的情况是管理员知道穿过自己防火墙的所有内容，即每一个抛弃的和接收的数据包、每一个请求的连接。但实际上，不论是防火墙系统还是管理员都无法处理那么多的信息，管理员必须打开冗长的日志文件，再把生成的日志整理好。在特殊情况下，管理员要用日志记录以下几种情况。

（1）记录所有被拒绝的尝试和连接以及抛弃的包。

（2）记录连接通过堡垒主机的用户名、协议以及时间。

（3）记录在路由器中发现的错误、堡垒主机和一些代理程序。

3. 对试探做出响应

管理员有时会发觉外界对防火墙的试探，如企图登录不存在的账户、数据包发送系统没有向 Internet 提供的服务等。通常情况下，如果试探没有得到让人感兴趣的反应就会放弃。如果管理员想弄清楚试探的来源，会耗费大量时间去追寻类似的事件，而且在大多数情况下，这样做一般不会有成效。如果管理员确定试探来自某个站点，则可以与那个站点的管理层联系，告知他们发生了什么。通常，人们无须对试探做出积极响应。

对于什么只是试探、什么是全面的侵袭，不同的人有不同的观点。多数人认为只要不继续下去就只是试探。例如，尝试每一个可能的字母排列来解开用户的密码是不能成功的，这可以被认为是无须理睬的试探。

（三）网络防火墙的维护

1. 管理员保持领先的技术

防火墙维护的一个重要方面是保持技术上的领先。在用户做到之前，管理员应使自己的技术水平处于领先地位。

防火墙系统维护最困难的部分是努力同该领域的持续发展保持同步。该领域每天都产生新事物。如新的问题正在被发现和利用，进行新的侵袭；对于用户现有系统和工具的修补和修理产生了新的工具。要在这些变化中始终处于领先地位，是防火墙维护者工作中花费时间最多的一部分。

如何处于领先地位，首先要找到一些邮件列表、新闻组、杂志和用户认为合适的专题论坛给予关注。下面分析管理员可以保持领先技术的几种重要的方法。

（1）邮件列表

对于对防火墙感兴趣的人来说，最重要的是在 greatcircle.com 上的防火墙邮件列表，该列表主要讨论关于设计、安装、配置、维护各种类型防火墙的基本原理。管理员另一个需要订阅的列表是证书咨询（CERT-Advisory）邮件列表。这是一个由证书 / 抄送（CERT/CC）邮寄的安全保护咨询的列表。

（2）新闻组

管理员除了可以订阅各种邮件列表外，还可以订阅直接或者间接与防火墙有关的新闻组。例如，CERT/CC 建议的公司安全公告（comp.security.announce）组，还有各种不同的商业或非商业网络产品的新闻组。

（3）杂志

虽然目前还没有专门的 Internet 安全方面的杂志，但一些商业（专业）杂志定期或不定期地报道有关防火墙的情况，杂志领先潮流一步，时效性强。

（4）专题讲座

管理员可以参加一些专题讲座，包括会议、供应商与用户组织、地方用户团体、专业社团等。参加这些活动是有非常大的好处的，不但可以参加那些正式进行的项目，而且还能与正在解决相似问题的人们建立联系。

2. 保持用户的系统处于领先地位

如果管理员已使自己的系统处于领先地位，那么这个工作就相当简单，用户只须处理已知的新问题。

管理员应该收集足够多的来自前面讲到的资源的信息，以决定一个新问题对于用户的特殊系统来说是否称得上是新问题。要知道管理员也许不能确定某个问题是否与自己的站点有关，找到对自己有利的信息往往要花费数小时甚至数天的时间，并且还需要在缺少实质性信息的情况下，使用关于问题及其发展的报告来决定对于特殊问题应该如何处理。

管理员会犯哪种错误，倾向于谨慎还是实用，这由管理员特有的环境所决定。这些环境包括有哪些潜在的问题，管理员对它能做些什么，对安全与方便关注的程度等。如果问题涉及用户系统，谨慎一点可以阻止问题的出现。谨慎要求管理员等待下去，直到确定问题所在后再采取行动。当管理员决定使用什么修复工具和何时实施时，可参考下面的原则。

（1）不要急于升级，除非有理由认为确有必要，最好让别人先做这些工作，观察升级后产生的新问题，但也不要推迟太久，一般是等待几小时或者几天后看一看是否有人在这方面碰到新的问题。

（2）不要为没有出现的问题寻求解决方法，否则管理员可能就是在冒引起新问题的风险。

（3）注意修补的相互依存性。当用户还没有对未发生过的问题进行修补的时候，会发觉该问题的修补依赖于对先前问题所进行的修补。这时管理员应该好好推测一下，这种情况是否还可以在与平台有关的邮件列表和新闻组中找到帮助，也可以询问并看看是否有人处理过这类事情。

三、网络防火墙的发展趋势

（一）深度防御技术

随着防火墙技术的不断发展，未来防火墙将向以下几个方向发展。

（1）深度防御。

（2）主动防御。

（3）嵌入式防火墙。

（4）分布式防火墙。

（5）专用化、小型化以及硬件化。

（6）与其他安全技术联动，产生互操作协议。

深度防御技术综合了目前广泛应用的防火墙安全技术，是指防火墙在协议上建立若干安全检查点，并利用各种安全手段审查经过防火墙的数据包，能够有效提高防火墙的安全性。具体来讲，防火墙可以在网络层过滤掉所有的漏路由分组以及假冒 IP 源地址的分组，可以在传输层过滤掉所有的有害数据包和禁止出入的协议，可以在应用层通过 SMTP、FTP 等网关，可以监控互联网提供的可用服务。

（二）区域联防技术

传统防火墙单纯地在内部网络与外部网络的连接点进行安全控制，一旦攻击者攻破连接点，整个网络就暴露在攻击者眼前。随着网络攻击技术的不断发展，防火墙受到了越来越大的威胁，传统防火墙已经不能适应如今的防卫架构。

新型防火墙为分布式防火墙，即综合主机型防火墙与个人计算机型防火墙，并配以传统防火墙的功能，形成高性能、全方位的防卫架构，这就是区域联防技术。区域联防的目的是通过各个区域的防卫抵御攻击者的入侵行为。任何能够连接互联网的终端，都应该具有一定的防护功能。

（三）管理通用化

管理通用化是建立一个有效安全防范体系的必要条件。如要使各个不同的网络安全产品能够联动地做出反应，就必须让它们都使用同一种通用的"语言"，也就是发展一种它们都能够理解的协议。因此，不管是对防火墙还是对入侵检测系统（IDS）、VPN 或病毒检测设备等网络安全设备进行操作，都可以使用通用的网络设备管理方法。

（四）专用化和硬件化

在网络应用越来越普遍的形势下，一些专用防火墙概念也被提了出来，单向防火墙（又叫网络二极管）就是其中的一种。单向防火墙的目的是让信息的单向流动成为可能，也就是网络上的信息只能从外网流入内网，而不能从内网流入外网，从而起到安全防范作用。另外，将防火墙中的部分功能固化到硬件中，也是当前防火墙技术发展的方向。通过这种方式，可以提高防火墙中瓶颈部分的执行速度，缩短防火墙导致的网络延时。

（五）体系结构发展趋势

网络应用的不断增加，对网络宽带提出了更高的要求，防火墙也需要提高处理数据的速度。多媒体应用在未来会更加普遍，这要求数据通过防火墙带来的延迟要尽可能小。为了满足这种需求，一些防火墙开发商开发了基于网络处理器和基于专用集成电路（ASIC）的防火墙。

网络处理器是专门处理数据包的可编程处理器。网络处理器包含了多个数据处理引擎，这些引擎可以同时进行数据处理工作。网络处理器优化了数据包处理的一般性任务，同时其硬件体系结构的设计也大多采用高速的接口技术和总线规范，具有较高的 I/O 能力。网络处理器具有简单的编程模式和开放的编程接口，系统灵活，处理能力强。

ASIC 技术为防火墙设计提供了专门的数据包处理流水线，优化了资源配置，能够满足千兆、万兆网速环境。但是 ASIC 技术的开发难度较大、开发周期长、开发成本高、缺乏可编程性、灵活性较差。在开发难度、开发周期和开发成本等方面，网络处理器具有明显的优势。未来网络处理器（NP）架构的防火墙会带动防火墙产品的发展，实现网络安全的一个变革。

（六）网络安全产品的系统化

随着网络安全技术的发展，出现了建立以防火墙为核心的网络安全体系的说法。现有的防火墙技术很难满足日益发展的网络安全需求。因此，需要建立一个以防火墙为核心的网络安全体系，实施科学的安全策略，在内部网络系统中部署多道安全防线，让各项安全技术各司其职，抵御外来入侵。对网络攻击的监测和告警将成为防火墙的重要功能，对可疑活动的日志分析工具将成为防火墙产品的一部分。防火墙将从目前的被动防护状态转变为主动状态来保护内部网络。

第三节　操作系统安全技术

一、操作系统安全问题概述

作为用户使用计算机和网络资源的中间界面，操作系统发挥着重要的作用，因此操作系统本身的安全就成了安全防护当中的一个重要课题。操作系统安全防护研究通常包括：

（1）操作系统本身提供的安全功能和安全服务，现在的操作系统都提供一定的访问控制、认证与授权等方面的安全服务。

（2）操作系统可以采取什么样的配置措施使之能够应付各种入侵。

（3）如何保证操作系统本身所提供的网络服务得到了安全配置。

（一）操作系统安全概念

一般意义上，如果说一个计算机系统是安全的，那么是指该系统能够控制外部对系统信息的访问。也就是说，只有经过授权的用户或代表该用户运行的进程才能读、写、创建或删除信息。

操作系统内的活动都可以看作主体对计算机系统内部所有客体的一系列操作。操作系统中任何存有数据的东西都是客体，包括文件、程序、内存、目录、队列、管道、进程间报文、I/O 设备和物理介质等。能访问或使用客体活动的实体称为主体，一般来说，用户或者代表用户进行操作的进程都是主体。主体对客体的访问策略是通过可信计算基 TCB（Trusted Computing Base）来实现的。可信计算基是计算机系统内保护装置的总体，包括硬件、固件、软件和负责执行安全策略的组合体。它建立了一个基本的保护环境并提供一个可信计算系统所要求的附加用户服务。可信计算基是系统安全的基础，正是基于该 TCB，通过安全策略的实施，控制主体对客体的存取，达到对客体的保护。

安全策略描述的是人们如何存取文件或其他信息。当安全策略被抽象成安全模型后，人们可以通过形式化的方法证明该模型是安全的。被证明了的模型成为人们设计系统安全部分的模板。安全模型精确定义了安全状态的概念、访问的基本模型和保证主体对客体访问的特殊规则。

我们一般所说的操作系统的安全，通常包含两层意思：一方面是操作系统在设计时通过权限访问控制、信息加密性保护、完整性鉴定等一些机制实现的安全；另一方面则是操作系统在使用中，通过一系列的配置，保证操作系统尽量避免由于实现时的缺陷或是应用环境原因产生的不安全因素。只有这两方面同时努力，才能够最大可能地建立安全的操作环境。

（二）操作系统安全等级

所谓安全的系统是指能够通过系统的安全机制控制，只有系统授权的用户或代表授权的用户或代表授权用户的进程才允许读、写、删、改信息。

从 20 世纪 80 年代开始，国际上很多组织开始研究并发布计算机系统的安全性评价等级，最具影响的是美国国防部制定的《可信计算机系统安全评估标准》（Trusted Computer System Evaluation Criteria，TCSEC），它将评价准则划分为 4 类，每一类中又细分了不同的级别。D 类：不细分级别。C 类：C1 级、C2 级。B 类：B1 级、B2 级、B3 级。A 类：A1 级。其中，D 类的安全级别最低，A 类最高，高级别包括低级别的所有功能，同时又实现一些新的内容，实际工作中主要通过测试系统与安全的部分来确定这些系统的设计和实现是否正确与安全，一个系统预期的安全相关的部分通常称为可信计算基（TCB）。

1. 安全等级 D1 级

D1 级（最小保护），几乎没有保护，如 DOS 操作系统。

2. 安全等级 C1 级

C1 级（自主安全保护）标准：

（1）非形式化定义安全策略模型使用了基本的 DAC 控制。

（2）实施在单一基础上的访问控制。

（3）避免偶尔发生的操作错误与数据破坏。

（4）支持同组合的敏感资源的共享。

（5）C 级安全措施可以简单理解为操作系统逻辑级安全措施。

3. 安全等级 C2 级

C2 级（可控访问保护）标准：

（1）非形式化定义安全策略模型使用了更加完善的 DAC 策略与对象重用策略。

（2）实施用户登录过程。

（3）实施相关事件的审计。

（4）实施资源隔离。

（5）对一般性攻击具有一定的抵抗能力。

（6）C 级安全措施可以简单理解为操作系统逻辑级安全措施。

4. 安全等级 B1 级

B1 级（表示安全保护）标准：

（1）保留 C2 级所有安全策略非形式化安全模型定义。

（2）引用了安全标识。

（3）TCSEC 定义的安全标识中的 6 个被采用了，在命名主体与客体上实施 MAC 控制，实际上引入了物理级的安全措施。

（4）对一般性攻击具有较强的抵抗能力，但对渗透攻击的抵抗能力比较弱。

5. 安全等级 B2 级

B2 级（结构安全保护）标准：

（1）形式化定义安全策略 TCB 结构化。

（2）把 DAC 与 MAC 的控制扩展到所有的主体与客体上。

（3）引入了隐蔽通道保护。

（4）更彻底的安全措施。

（5）强化了认证机制。

（6）严格系统配置管理。

（7）有一定的抵抗渗透能力。

6. 安全等级 B3 级

B3 级（安全域保护）标准：

（1）完好的安全策略的形式化定义必须满足引用监控器的要求。

（2）结构化 TCB 结构继承了 B2 级的安全特性。

（3）支持更强化的安全管理。

（4）扩展审计范围与功能。

（5）有较强的系统应急恢复能力。

（6）具有较高的抵抗渗透能力。

7. 安全等级 A1 级

A1 级（验证安全保护）标准：

（1）功能与 B3 级相同。

（2）增强了形式化分析、设计与验证。

一般认为 A1 级已经基本实现了各种安全需求，更完美的系统就认为是超出 A1 级的系统。

（三）国内操作系统安全等级

GB17859—1999《计算机信息系统安全保护等级划分准则》规定了计算机系统安全保护能力的 5 个等级，即用户自主保护级、系统审计保护级、安全标记保护级、结构化保护级、访问验证保护级。

其中访问验证保护级为最高等级，具有如下安全特征：

（1）自主访问控制。计算机信息系统可信计算基定义并控制系统中命名用户对命名客体的访问，实时机制（例如访问控制表）允许命名用户和（或）以用户组的身份规定并控制客体的共享，阻止非授权用户读取敏感信息，并控制访问权限扩散。自主访问控制机制根据用户指定方式或默认方式阻止非授权用户访问客体。访问控制的粒度是单个用户。访问控制能够为每个命名客体指定命名用户和用户组，并规定他们对客体的访问模式。没有存取权的用户只允许由授权用户指定对客体的访问权。

（2）强制访问控制。计算机信息系统可信计算基对外部主体能够直接或间接访问的所有资源（例如主体、存储客体和输入输出资源）实施强制访问控制。为这些主体及客体指定敏感标记，这些标记是等级分类和非等级类别的组合，它们是实施强制访问控制的依据。计算机信息系统可信计算基支持两种或两种以上成分组成的安全级。计算机信息系统可信计算基外部的所有主体对客体的直接或间接的访问应满足：仅当主体安全级中的等级分类高于或等于客体安全级中的等级分类，且主体安全级中的非等级类别包含了客体安全级中的全部非等级类别，主体才能读客体；仅当主体安全级中的等级分类低于或等于客体安全级中的等级分类，且主体安全级中的非等级类别包含了客体安全级中的非等级类别，主体才能写一个客体。计算机信息系统可信计算基使用身份和鉴别数据鉴别用户的身份，保证用户创建的计算机信息系统可信计算基外部主体的安全级和授权受该用户的安全级和授权的控制。

（3）标记。计算机信息系统可信计算基维护与可被外部主体直接或间接访问到计算机信息系统资源（例如主体、存储客体、只读存储器）相关的敏感标记。这些标记是实施强制访问的基础。为了输入未加安全标记的数据，计算机信息系统可信计算基向授权用户要求并接受这些数据的安全级别，且可由计算机信息系统可信计算基审计。

（4）身份鉴别。计算机信息系统可信计算基初始执行时，首先要求用户标识自己的身份，而且计算机信息系统可信计算基维护用户身份识别数据并确定用户访问权及授权数据。计算机信息系统可信计算基使用这些数据鉴别用户身份，并使用保护机制（如口令）来鉴别用户的身份，阻止非授权用户访问用户身份鉴别数据。通过为用户提供唯一标识，计算机信息系统可信计算基能够使用户对自己的行为负责。计算机信息系统可信计算基还具备将身份标识与该用户所有可审计行为相关联的能力。

（5）客体重用。在计算机信息系统可信计算基的空闲存储客体空间中，对客体初始指定、分配或再分配一个主体之前，撤销客体所含信息的所有授权。当主体获得对一个已被释放的客体的访问权时，当前主体不能获得原主体活动所产生的任何信息。

（6）审计。计算机信息系统可信计算基能创建和维护受保护客体的访问审计跟踪记录，并能阻止非授权的用户对它访问或破坏。

计算机信息系统可信计算基能记录以下事件：使用身份鉴别机制；将客体引入用户地址空间（如打开文件、程序初始化）；删除客体；由操作员、系统管理员或（和）系统安全管理员实施的动作，以及其他与系统安全有关的事件。对于每一事件，其审计记录包括事件的日期和时间、用户、事件类型、事件是否成功。对于身份鉴别事件，审计记录包含请求的来源（如终端标识符）；对于客体引入用户地址空间的事件及客体删除事件，审计记录包含客体名及客体的安全级别。此外，计算机信息系统可信计算基具有审计更改可读输出记号的能力。

对不能由计算机信息系统可信计算基独立分辨的审计事件，审计机制提供审计记录接口，可由授权主体调用。这些审计记录区别于计算机信息系统可信计算基独立分辨的审计记录。

（7）数据完整性。计算机信息系统可信计算基通过自主和强制完整性策略，阻止非授权用户修改或破坏敏感信息。在网络环境中，使用完整性敏感标记来确信信息在传送中未受损。

（8）隐蔽信道分析。系统开发者应彻底搜索隐蔽信道，并根据实际测量或工程估算确定每一个被标识信道的最大带宽。

（9）可信路径。当连接用户时（如注册、更改主体安全级），计算机信息系统可信计算基提供它与用户之间的可信通信路径。可信路径上的通信只能由该用户或计算机信息系统可信计算基激活，且在逻辑上与其他路径上的通信相隔离，并能正确地加以区分。

（10）可信恢复。计算机信息系统可信计算基提供过程和机制，保证计算机信息系统失效或中断后可以进行不损害任何安全保护性能的恢复。

该标准中计算机信息系统安全保护能力随着安全保护等级的增高逐渐增强。

第一级是用户自主保护级，本级的计算机信息系统可信计算基通过隔离用户与数据使用户具备自主安全保护的能力。它具有多种形式的控制能力，对用户实施访问控制，即为用户提供可行的手段，保护用户和用户组信息，避免其他用户对数据的非法读写与破坏。

第二级是系统审计保护级，与第一级用户自主保护级相比，本级的计算机信息系统可信计算基实施了粒度更细的自主访问控制，它通过登录规程、审计安全性相关事件和隔离资源，使用户对自己的行为负责。

第三级是安全标记保护级，本级的计算机信息系统可信计算基具有系统审计保护级的所有功能。此外，还提供有关安全策略模型、数据标记以及主体对客体强制访问控制的非形式化描述，具有准确地标记输出信息的能力，消除通过测试发现的任何错误。

第四级是结构化保护级，本级的计算机信息系统可信计算基建立于一个明确定义的形式化安全策略模型之上，它要求将第三级系统中的自主和强制访问控制扩展到所有主体与客体。此外，还要考虑隐蔽通道。本级的计算机信息系统可信计算基必须结构化为关键保护元素和非关键保护元素。计算机信息系统可信计算基的接口也必须明确定义，使其设计与实现能经受更充分的测试和更完整的复审。加强了鉴别机制，支持系统管理员和操作员的职能，提供可信设施管理，增强了配置管理控制。系统具有相当的抗渗透能力。

第五级是访问验证保护级，本级的计算机信息系统可信计算基满足访问监控器需求。访问监控器仲裁主体对客体的全部访问。访问监控器本身是抗篡改的，必须足够小，能够分析和测试。为了满足访问监控器需求，计算机信息系统可信计算基在其构造时，排除那些对实施安全策略来说并非必要的代码；在设计和实现时，从系统工程角度将其复杂性降低到最小程度。此外，计算机信息系统可信计算机还支持安全管理员职能；扩充审计机制，当发生与安全相关的事件时发出信号；提供系统恢复机制。系统具有很高的抗渗透能力。

（四）操作系统的安全威胁及其影响

1. 保密性威胁

信息的保密性指信息的隐藏，目的是对非授权的用户不可见。操作系统受到的保密性威胁很多，例如嗅探。嗅探就是对信息的非法拦截，它是某一种形式的信息泄露。保密性威胁中，木马和后门的危害是最为严重的，随着我国互联网的普及，日益增加的木马程序将造成计算机数据的失窃与被控，更容易被黑客利用，从而发起有组织的大规模攻击，而且木马程序不断出现，用户很难发现，因此造成的影响往往比较长久。

2. 完整性威胁

信息的完整性指的是信息的可信程度。完整的信息应该没有经过非法的或者是未经授权的数据改变。完整性包括信息内容的完整性和信息来源的完整性。根据信息完整性的特点，信息的完整性威胁主要分为两类：破坏和欺骗。计算机病毒是操作系统所受到的安全威胁中人们最为熟悉的一种，绝大部分的病毒都会对信息的内容完整性产生危害。全世界很多计算机都受到病毒不同程度的破坏，导致计算机系统瘫痪或硬盘分区被改写，甚至许多机器的数据永久地丢失了。

3. 可用性威胁

可用性威胁是指对信息或者资源的期望使用能力。可用性是系统可靠性与系统设计中的一个重要方面，因为一个不可用的系统起到的作用还不如没有系统。操作系统的一个主要威胁在于计算机软件设计中的疏漏。以微软的操作系统为例，因为微软的操作系统一向强调的是易用性和集成性，没有把系统的安全性作为重要的设计目标，所以称微软的操作系统是病毒的乐土一点都不为过。

二、操作系统安全控制技术

（一）操作系统安全技术概述

随着人们对操作系统安全问题研究的深入，出现了以下几种安全技术：

（1）访问控制。访问控制是限制未授权的用户、程序、进程或计算机网络中的其他系统访问本系统资源的过程，其主要任务是确保计算机资源不被非法使用和访问。访问控制主要是控制使用计算机系统的人员的合法身份，包括口令认证、挑战 / 应答、Kerberos 认证等方式，保证只有授权用户才能使用计算机资源。

（2）权限控制。权限控制主要是对合法用户正常操作的一种安全保护措施，保证合法用户按照权限使用操作系统资源和其他各种系统资源。

（3）数据备份与灾难恢复技术。数据备份与灾难恢复技术主要是将相关信息资源复制一个副本保存起来，当操作系统出现故障时，可以使用此副本恢复有关的信息资源，从而确保信息不丢失。

（4）反病毒技术。反病毒技术主要通过对系统进行扫描来发现在系统中存在的各种病毒，在系统病毒发作前，删除或隔离病毒，从而消除病毒对系统的影响。

（5）加密技术和数字签名。加密技术主要根据一定的策略将数据从一种数据格式变成另一种数据格式，防止其他人查看或窃听到有关的数据。数字签名主要用来保证信息的完整性，防止其他人篡改有关的数据。

此外，还有其他一些网络安全技术，在这里就不一一列举了。这些技术的出现，能够使操作系统更为可靠、稳定地运行。

（二）访问控制技术

用户通过身份鉴别后，还必须通过授权才能访问资源或进行操作。授权可以在用户的身份鉴别通过以后再进行。系统通过访问控制来提供授权。访问控制的基本任务是防止对系统资源的非法使用，保证对客体的所有直接访问都是被认可的。

使用访问控制机制主要是为了达到以下目的：

（1）保护存储在计算机上的个人信息。

（2）保护重要信息的机密性。

（3）维护计算机内信息的完整性。

（4）减少病毒感染机会，从而延缓这种感染的传播。

（5）保证系统的安全性与有效性，以免受到偶然的和蓄意的侵犯。

概括地说，就是首先识别与确认访问系统的用户，然后决定该用户对某一系统资源进行何种类型的访问（读、写、删、改、运行等）。

广义的访问控制包括外界对系统的访问和系统内主体对客体的访问。常用的访问控制技术有用户标识和鉴别、自主访问控制、强制访问控制、基于角色的访问控制、最小特权管理、安全审计等。

用户标识和鉴别是由系统提供一定的方式让用户标识自己的名字或身份，每次用户要求进入系统时，由系统进行核对，通过鉴定后才提供系统的使用权。

用户标识和鉴别的方法有很多种，而且在一个系统中往往是多种方法并举，以获得更强的安全性。常用的方法是用户名和口令。

用一个用户名或者用户标识号来标明用户身份。系统内部记录着所有合法用户的标识，系统鉴别此用户是否是合法用户，若是，则可以进入下一步的核实；若不是，则不能使用系统。

为了进一步核实用户，系统常常要求用户输入口令。为保密起见，用户在终端上输入的口令不显示在屏幕上。系统核对口令以鉴别用户身份。

通过用户名和口令来鉴定用户的方法简单易行，但用户名和口令容易被人窃取，因此还可以用更复杂的技术。例如，还可以采用智能卡认证、动态口令、生物特征认证、USB Key 认证等多种身份认证技术。

自主访问控制（Discretionary Access Control，DAC）机制允许对象的属主自己来制定针对该对象的保护策略。通常，DAC 通过授权列表（或访问控制列表）来限定哪些主体针对哪些客体可以执行什么操作，这包括设置文件、文件夹和共享资源的访问许可，如此将可以非常灵活地进行策略调整。自主访问控制是按照用户意愿进行的。

强制访问控制（Mandatory Access Control，MAC）是系统依照对象或用户的分级机制控制对资源所进行的访问。这种控制的实现由管理员和系统做出。强制访问控制是用来保护系统确定的对象，对此，对象或用户不能进行更改。这样的访问控制规则是通常对数据和用户按照安全等级来分配安全标签，访问控制机制通过比较安全标签来确定是授予还是拒绝用户对资源的访问。

基于角色访问控制（Role Based Access Control，RBAC）通过分配和取消角色来完成用户权限的授予和取消，并且提供角色分配规则。角色是访问权限的集合，用户通过赋予不同的角色获得角色所拥有的访问权限。安全管理人员根据需要定义各种角色，并设置合适的访问权限，而用户根据其责任和资历再被指派为不同的角色。这样，整个访问控制过程就分成了两个部分，即访问权限与角色相关联，角色再与用户关联，从而实现了用户与访问权限的逻辑分离。

最小特权管理是确保系统中的每个进程只具有完成其任务和功能所需要的最小特权。最小特权一方面给予主体"必不可少"的特权，这就保证了所有的主体都能在所赋予的特权之下完成所需要完成的任务或操作；另一方面，它只给予主体"必不可少"的特权，这就限制了每个主体所能进行的其他操作。

安全审计是模拟社会监督机制而引入到计算机系统中，用于监视并记录系统活动的一种机制。审计机制的主要目标是检测和判定对系统的渗透，识别操作并记录进程安全级活动的情况。

（三）权限控制技术

权限控制是计算机安全保密防范的第二道防线。访问权限控制是指对合法用户进行文件或数据操作权限的限制。这种权限主要包括对信息资源的读、写、删、改、复制、执行等。在内部网中，应该确定合法用户对系统资源有何种权限，可以进行什么类型的访问操作，防止合法用户对系统资源的越权使用。对涉密程度不高的系统，可以按用户类别进行访问权限控制；对涉密程度高的系统，访问权限必须控制到单个用户。

内部网与外部网之间，应该通过设置保密网关或者防火墙来实现内外网的隔离与访问权限的控制。

网络的权限控制：网络权限控制是针对网络非法操作提出的一种安全保护措施。用户和用户组被赋予一定的权限，网络控制用户和用户组可以访问哪些目录、子目录、文件和其他资源以及用户可以执行的操作。

存取权限控制：存取权限控制的目的是防止合法用户越权访问系统和网络资源。因此，系统要确定用户对哪些资源（如 CPU、内存、I/O 设备、程序、文件等）享有使用权以及可进行何种类型的访问操作（如读、写、运行等）。为此，系统要赋予用户不同的权限，例如，普通用户或有特殊授权的计算机终端或工作站用户、超级用户、系统管理员等，用户的权限等级是在注册时赋予的。

（四）数据备份和灾难恢复技术

备份不但是数据的保护，其最终目的是在系统碰到人为或自然灾难时，能够通过备份内容对系统进行有效的灾难恢复。备份不是单纯的复制，管理也是备份重要的组成部分。管理包括备份的可计划性、磁带机的自动化操作、历史记录和日志记录的保存等。

数据备份有多种实现形式，从不同的角度能够对备份进行不同的分类。

1. 备份模式角度

（1）逻辑备份。每个文档都是由不同的逻辑块组成。每一个逻辑文档块存储在连续的物理磁盘块上，但组成一个文档的不同逻辑块极有可能存储在分散的磁盘块上。

备份软件通常既能进行文档操作，又能够对磁盘块进行操作。基于文档的备份系统能够识别文档结构，并复制任何的文档和目录到备份资源上。这样的系统跨越了存储在每个 inode（索引节点）上的指针，可顺序地读取每个文档的物理块，然后备份软件连续地将文档写入到备份媒介上。这样的备份使得每个单独文档的恢复变得很快，但不断地存储文档会使得备份速度减慢，因为在对非连续存储磁盘上的文档进行备份时需要额外的查找操作。这些额外的操作增加了磁盘的开销，降低了磁盘的吞吐率。另外，对于文档一个很小的改变，基于文档的逻辑备份也需要将整个文档备份。

（2）物理备份。系统在复制磁盘块到备份媒介上时忽略文档结构，这会提高备份的性能，因为备份软件在执行过程中，花费在搜索操作上的开销很少。但这种方法使得文档的恢复变得复杂且缓慢，因为文档并不是连续地存储在备份媒介上。为了允许文档恢复，基于设备的备份必须要收集文档和目录是如何在磁盘上组织的信息，才能使备份媒介上的物理块和特定的文档相关联。因而，基于设备的备份适合于指定一个特定的文档系统来实现，并且不易移植。而基于文档的方案则更易移植，因为备份文档包含的是连续文档。另外，基于设备的备份方案可能会导致数据的不一致。

2. 备份策略角度

（1）全备份。这种备份方式很直观，容易被人理解。当发生数据丢失的灾难时，只要用一盘磁带（即灾难发生前一天的备份磁带），就能够恢复丢失的数据。

但这也存在不足之处，首先，每天都对系统进行完全备份，在备份数据中有大量内容是重复的，例如操作系统和应用程序，这些重复的数据占用了大量的磁带空间，意味着增加成本；其次，由于需要备份的数据量相当大，备份所需的时间也就较长。

（2）增量备份。该备份的优点是没有重复的备份数据，节省磁带空间，缩短备份时间；缺点在于当发生灾难时，恢复数据比较麻烦。例如，若系统在周四早晨发生故障，那么就需要将系统恢复到周三晚上的状态。管理员需要找出周一的完全备份磁带进行系统恢复，再找出周二的磁带来恢复周二的数据，最后找出周三的磁带来恢复周三的数据。在这种备份下，各磁带间的关系就像链子一样，其中任何一盘磁带出了问题，都会导致整条链子脱节。

（3）差异备份。管理员先在周一进行一次系统完全备份，然后在接下来的几天里，再将当天任何和周一不同的数据备份到磁带上。差异备份无须每天都做系统完全备份，备份所需时间短，节省磁带空间，灾难恢复也很方便。系统管理员只需要两盘磁带，即系统全备份的磁带和发生灾难前一天的备份磁带，就能够将系统完全恢复。

3. 备份过程中接收用户响应和数据更新角度

（1）冷备份。冷备份很好地解决了在备份选择进行时并发更新带来的数据不一致性问题，缺点是用户需要等待很长的时间，服务器将不能及时响应用户的需求。现在的新技术有 LAN-Free，Server-Free 等，这种方式的恢复时间比较长，但投资较少。

（2）热备份。由于是同步备份，热备份资源占用比较多，投资较大，但是它的恢复时间很短。在热备份中有一个很大的问题就是数据的有效性和完整性，假如备份过程中产生了数据不一致性，会导致数据的不可用。解决此问题的方法是对于一些总是处于打开状态的重要数据文档，备份系统能够采取文档的单独写/修改特权，确保在该文档备份期间其他应用不能对它进行更新。

（五）反病毒技术

基于多级安全模型的安全域分割仍是目前安全操作系统实现计算机病毒防御的主要策略。在这类模型中，系统中的所有主客体都被赋予一个安全级别，仅当主客体的安全级别符合安全策略的要求时，才授予主体对客体的访问权限，从而在系统中构造出不同的安全域。如 Biba 模型定义了 Crucial、Very Important 和 Important 等完整性级别，其中主体的完整性级别用来表示其行为的可信程度，客体的完整性级别表示该客体本身的重要性及其所存储信息的可信性。Biba 严格完整性策略（Strict Integrity Policy）规定仅当主体的完整性级别支配客体的完整性级别时才允许对该客体进行"修改"操作，这样便可防止计算机病毒从低完整性级别的安全域流向高完整性级别的安全域。类似地，BLP（Bell-LaPadula）模型规定仅当主体的机密性级别被客体的机密性级别支配时才允许其对该客体进行"写"或"添加"操作，这样可防止计算机病毒从高机密性级别的安全域流向低机密性级别的安全域。

安全域分割法只对病毒信息流起到单向的限制作用，它不能防止计算机病毒从高完整性级别的安全域流向低完整性级别的安全域或从低机密性级别的安全域流向高机密性级别的安全域。更重要的是，这种病毒防御策略对同一安全域内的病毒传播和破坏行为没有防范能力，即如果安全域内有一个客体被病毒感染，就意味着该病毒将对该安全域内的所有客体构成威胁。此外，由于可信主体的行为不受多级安全策略的限制规则的制约，引入可信主体将加速计算机病毒的传播。计算机病毒的危害主要表现为对信息系统完整性的破坏，而病毒要破坏系统的完整性，必须同时具备两个条件：（1）获得执行机会；（2）触发了病毒代码的进程具有对其他客体的"修改"权限。因此，通过在安全操作系统中建立适当的安全机制以杜绝这两个条件，可以防止病毒代码的执行，保护可执行对象的完整性，以及降低病毒代码被触发后的传播速度和减小破坏效果。

（六）数据加密技术

数据加密是通过改变数据的表示形式来达到保护敏感数据的目的的方法或手段。在数据加密中，需要改变表示形式的数据称为明文。由可懂文本变为不可懂文本的过程称为加密；反之，由不可懂文本还原成原来文本的过程称为解密。加密时所使用的信息变换规则称为密码算法，经过加密过程产生的结果称为密文。在数据加密操作中，最基本的要素是密码算法和密钥。密码算法可以分为加密算法和解密算法，是数据加密操作过程中使用的一些公式、法则或程序。密钥也可以分为加密密钥和解密密钥，是由密码算法产生的可变参数。

根据加密操作使用的加密密钥和解密密钥是否相同，加密可分为对称加密和非对称加密。对称加密就是加密密钥和解密密钥相同。拥有加密能力就意味着拥有解密能力，反之亦然。非对称加密又称为公开密钥加密，加密能力和解密能力是分开的，加密密钥公开，解密密钥则不公开。随着计算机技术的发展，数据加密技术也在不断发展，加密算法更加复杂和有效，能更有效地保护数据。

第四节　数据安全技术

企业的网络安全战略最重要的方面都围绕着如何保护企业数据以及如何防止数据丢失。其中包括静态、传输中和使用中的数据。

数据安全技术有多种形式，其中包括：防火墙、认证和授权、加密、数据屏蔽、基于硬件的安全性、数据备份和弹性、数据擦除。

这些形式都有相同的目标：保持数据安全。

什么是数据安全，为什么它很重要？

数据安全是指在数据的整个生命周期中保护数据免遭盗窃、丢失或未经授权访问的做法。

对于企业来说，数据泄露是一个持续存在的问题。目前，随着信息技术的发展普及，数据泄露和网络攻击数量越来越多。数据泄露不仅会使企业数据对外泄露，还会让企业面临诉讼和罚款。

数据安全实践、政策和技术也是防止内部用户对任何数据进行不当操作的关键。

数据安全性很重要，因为它有助于以下方面：保护知识产权安全、防止财务损失、维护客户的信任、确保符合多项监管标准。

数据安全至关重要，因为网络攻击者毫不留情地寻找任何漏洞来渗透企业网络。为了妥善保护数据，企业可以使用以下 7 种数据安全技术。

一、防火墙

防火墙是系统中的初始安全层。它旨在防止未经授权的来源访问企业数据。防火墙充当个人或企业网络与公共互联网之间的中介。防火墙使用预先配置的规则来检查所有进出网络的数据包，因此有助于阻止恶意软件和其他未经授权的流量连接到网络上的设备。

不同类型的防火墙包括：基本的包过滤防火墙、线路级网关、应用级网关、状态检查防火墙。

二、认证授权

使用两个过程来确保只有适当的用户才能访问企业数据、身份验证和授权。

身份验证涉及用户提供他们声称的身份的证据。这种证明可以提供密码或 PIN 或生物认证等秘密。根据身份验证方案，用户在登录时可能需要提供一个或多个附加因素，称为双因素身份验证或多因素身份验证。如果用户在最初成功登录后尝试更受限制的操作，则可能还需要逐步验证。

身份验证示例如下：密码 /PIN、多因素身份验证（MFA）、生物特征扫描、行为扫描。

一旦用户证明了他们的身份，授权将确定用户是否具有访问特定数据并与之交互的适当权限。通过授权用户，他们可以在系统内获得读取、编辑和写入不同资源的权限。

如最小权限访问原则、基于属性的访问控制、基于角色的访问控制。

三、数据加密

数据加密将数据转换为编码密文，以确保在静止状态和在批准方之间传输时的安全。加密数据确保只有拥有正确解密密钥的人员才能查看原始明文形式的数据。如果被网络攻击者捕获，加密数据将毫无意义。

数据加密的示例如下：非对称加密，也称为公钥加密。对称加密，也称为密钥加密。

保护静态数据涉及端点加密，可以通过文件加密或全盘加密方法完成。

四、数据屏蔽

数据屏蔽会掩盖数据，因此即使泄露，他人也无法理解所窃取的内容。与使用加密算法对数据进行编码的加密不同，数据屏蔽使用相似但虚假的数据替换合法数据。企业也可以在不需要使用真实数据的场景中使用这些数据，例如用于软件测试或用户培训。

标记化是数据屏蔽的一个例子。它使用唯一的字符串替换数据，该字符串没有任何价值，如果被网络攻击者捕获，则无法进行逆向工程。

数据屏蔽的其他示例如下：数据去识别化、数据泛化、数据匿名化、化名。

五、基于硬件的安全性

基于硬件的安全性涉及对设备的物理保护，而不是仅仅依赖安装在硬件上的软件。由于网络攻击者针对每个 IT 层，企业需要内置于芯片中的保护措施以确保设备得到强化。

基于硬件的安全性示例如下：基于硬件的防火墙、代理服务器、硬件安全模块。

六、数据备份和弹性

企业应保存多个数据副本，尤其是当他们希望在数据泄露或其他灾难后完全恢复时。有了数据备份，企业就可以更快地恢复正常的业务功能，而且故障更少。为确保数据弹性，组织需要采取适当的保护措施，以确保备份数据的安全并随时可用。

数据备份保护的一个例子是数据存储，它创建了备份数据的气隙版本。企业还应遵循 3-2-1 备份策略，这会导致在不同位置至少保存三个数据副本。

其他类型的数据备份保护包括：冗余、云备份外置硬盘、硬件设备。

七、数据擦除

重要的是企业正确删除数据并确保已删除的数据不可恢复，这一过程称为数据擦除，也称为数据销毁。数据擦除要求在擦除数据后使之难以辨认。

企业必须能够适当地销毁数据，尤其是在 GDPR 等法规规定客户可以要求删除其个人数据之后。

其他类型的数据擦除包括：数据擦除、覆盖、物理破坏、消磁。

第五节　病毒防治技术

在网络发达的今天，计算机病毒已经有了无孔不入、无处不在的趋势了。无论是上网，还是使用移动硬盘、U 盘都有可能使计算机感染病毒。计算机感染病毒后，就会出现计算机系统运行速度减慢、计算机系统无故发生死机、文件丢失或损坏等现象，给学习和工作带来许多不便。为了有效、最大限度地防治病毒，学习计算机病毒的基本原理和相关知识是十分必要的。

一、计算机病毒的概念

计算机病毒（Computer Virus）在《中华人民共和国计算机信息系统安全保护条例》中被明确定义，是指"编制者在计算机程序中插入的破坏计算机功能或者破坏数据，影响计算机使用并且能够自我复制的一组计算机指令或者程序代码"。

计算机病毒其实就是一种程序，之所以把这种程序形象地称为计算机病毒，是因为与生物医学上的"病毒"有类似的活动方式，同样具有传染和损失的特性。

现在流行的病毒是由人为故意编写的，多数病毒可以找到作者和产地信息，从大量的统计分析来看，病毒作者主要情况和目的是：一些天才的程序员为了表现自己和证明自己的能力、出于对上司的不满、出于好奇、为了报复、为了祝贺和求爱，为了得到控制口令，为了防止设计软件拿不到报酬预留的陷阱等。当然也有因政治、军事、宗教、民族、专利等方面的需求而专门编写的，其中也包括一些病毒研究机构和黑客的测试病毒。

计算机病毒一般不是独立存在的，而是依附在文件上或寄生在存储媒体中，能对计算机系统进行各种破坏；同时有独特的复制能力，能够自我复制；具有传染性，可以很快地传播蔓延，当文件被复制或在网络中从一个用户传送到另一个用户时，它们就随同文件一起蔓延开来，但又常常难以根除。

二、计算机病毒的概念特征

计算机病毒作为一种特殊程序，一般具有以下特征。

（一）寄生性

计算机病毒寄生在其他程序之中，当执行这个程序时，病毒就起破坏作用，而在未启动这个程序之前，它是不易被人发觉的。

（二）传染性

是否具有传染性是判别一个程序是否为计算机病毒的最重要条件。计算机病毒是一段人为编制的计算机程序代码，这段程序代码一旦进入计算机并得以执行，它就会搜寻其他符合其传染条件的程序或存储介质，确定目标后再将自身代码插入其中，达到自我繁殖的目的。只要一台计算机染毒，如不及时处理，那么病毒会在这台机器上迅速扩散，计算机病毒可通过各种可能的渠道，如 U 盘、计算机网络去传染其他的计算机。计算机病毒的传染性也包含了其寄生性特征，即病毒程序是嵌入到宿主程序中的，依赖宿主程序的执行而生存。

（三）潜伏性

大多数计算机病毒程序，进入系统之后一般不会马上发作，而是能够在系统中潜伏一段时间，悄悄地进行传播和繁衍，当满足特定条件时才启动其破坏模块，也称发作。这些特定条件主要有：某个日期、时间；某种事件发生的次数，如病毒对磁盘访问次数、对中断调用次数、感染文件的个数和计算机启动次数等；某个特定的操作，如某种组合按键、某个特定命令、读写磁盘某扇区等。显然，潜伏性越好，病毒传染的范围就越大。

（四）隐蔽性

计算机病毒具有很强的隐蔽性，有的可以通过病毒软件检查出来，有的根本就查不出来，有的时隐时现、变化无常，这类病毒处理起来通常很困难。

（五）破坏性

计算机病毒发作时，对计算机系统的正常运行都会有一些干扰和破坏作用。主要造成计算机运行速度变慢、占用系统资源、破坏数据等，严重的则可能导致计算机系统和网络系统的瘫痪。即使是所谓的"良性病毒"，虽然没有任何破坏动作，但也会侵占磁盘空间和内存空间。

三、计算机病毒的分类

对计算机病毒的分类有多种标准和方法，其中按照传播方式和寄生方式，可将病毒分为引导型病毒、文件型病毒、复合型病毒、宏病毒、脚本病毒、蠕虫病毒、"特洛伊木马"程序等。

（一）引导型病毒

引导型病毒是一种寄生在引导区的病毒，病毒利用操作系统的引导模块放在某个固定的位置，并且控制权的转交方式是以物理位置为依据，而不是以操作系统引导区的内容为依据，因而病毒占据该物理位置即可获得控制权，而将真正的引导区内容搬家转移。待病毒程序执行后，将控制权交给真正的引导区内容，使得这个带病毒的系统看似正常运转，而病毒已隐藏在系统中并伺机传染、发作。

（二）文件型病毒

寄生在可直接被 CPU 执行的机器码程序的二进制文件中的病毒称为文件型病毒。文件型病毒是对计算机的源文件进行修改，使之成为新的带毒文件。一旦计算机运行该文件就会被感染，从而达到传播的目的。

（三）复合型病毒

复合型病毒是一种同时具备了"引导型"和"文件型"病毒某些特征的病毒。这类病毒查杀难度极大，所用的杀毒软件要同时具备杀两类病毒的能力。

（四）宏病毒

宏病毒是指一种寄生在 Office 文档中的病毒。宏病毒的载体是包含宏病毒的 Office 文档，传播的途径多种多样，可以通过各种文件发布途径进行传播，比如光盘 internet 文件服务等，也可以通过电子邮件进行传播。

（五）脚本病毒

脚本病毒通常是用脚本语言（如 JavaScript.VBScript）代码编写的恶意代码，该病毒寄生在网页中，一般通过网页进行传播。该病毒通常会修改 IE 首页、修改注册表等信息，造成用户使用计算机不方便。红色代码（Script.Redlof）、欢乐时光（VBS.Happytime）都是脚本病毒。

（六）蠕虫病毒

蠕虫病毒是一种常见的计算机病毒，与普通病毒有较大区别。该病毒并不专注于感染其他文件，而是专注于网络传播。该病毒利用网络进行复制和传播，传染途径是通过网络和电子邮件，可以在很短时间内蔓延整个网络，造成网络瘫痪。蠕虫病毒名称来源于在 DOS 环境下，病毒发作时会在屏幕上出现一条类似虫子的东西，胡乱吞吃屏幕上的字母并将之改形。"勒索病毒"和"求职信"都是典型的蠕虫病毒。

（七）"特洛伊木马"程序

"特洛伊木马"程序是一种秘密潜伏的能够通过远程网络进行控制的恶意程序。控制者可以控制被秘密植入木马的计算机的一切动作和资源，是恶意攻击者进行窃取信息等的工具。特洛伊木马没有复制能力，它的特点是伪装成一个实用工具或者一个可爱的游戏，这会诱使用户将之安装在自己的计算机上。

四、计算机病毒的危害

计算机病毒有感染性，它能广泛传播，但这并不可怕，可怕的是病毒的破坏性。一些良性病毒可能会干扰屏幕的显示，或使计算机的运行速度减慢；但一些恶性病毒会破坏计算机的系统资源和用户信息，造成无法弥补的损失。

无论是"良性病毒"，还是"恶意病毒"，计算机病毒总会对计算机的正常工作带来危害，主要表现在以下两个方面。

（一）破坏系统资源

大部分病毒在发作时，都会直接破坏计算机的资源。如格式化磁盘、改写文件分配表和目录区、删除重要文件或者用无意义的"垃圾"数据改写文件、破坏CMOS设置等。轻则导致程序或数据丢失，重则造成计算机系统瘫痪。

（二）占用系统资源

寄生在磁盘上的病毒总要非法占用一部分磁盘空间，并且这些病毒会很快地传染，在短时间内感染大量文件，造成磁盘空间的严重浪费。

大多数病毒在动态下都是常驻内存的，这就必然抢占一部分系统资源。病毒所占用的基本内存长度大致与病毒本身长度相当。病毒抢占内存，导致内存减少、一部分软件不能运行。

病毒除占用存储空间外，还抢占中断、CPU时间和设备接口等系统资源，从而干扰了系统的正常运行，使得正常运行的程序速度变得非常慢。

目前许多病毒都是通过网络传播的，某台计算机中的病毒可以通过网络在短时间内感染大量与之相连接的计算机。病毒在网络中传播时，占用了大量的网络资源，造成网络阻塞，使得正常文件的传输速度变得非常缓慢，严重的会引起整个网络瘫痪。

五、计算机病毒的防治

虽然计算机病毒的种类越来越多、手段越来越高明、破坏方式日趋多样化，但如果能采取适当、有效的防范措施，就能避免病毒的侵害，或者使病毒的侵害降低到最低程度。

对于一般计算机用户来说，对计算机病毒的防治可以从以下几个方面着手。

（一）安装正版杀毒软件

安装正版杀毒软件，并及时升级、定期扫描，可以有效降低计算机感染病毒的概率。目前计算机反病毒市场上流行的反病毒产品很多，国内的著名杀毒软件有 360、瑞星、金山毒霸等，国外引进的著名杀毒软件有 Norton Anti Virus（诺顿）、Kaspersky Anti Virus（卡巴斯基）等。

（二）及时升级系统安全漏洞补丁

及时升级系统安全漏洞补丁，不给病毒攻击的机会。庞大的 Windows 系统必然会存在漏洞，包括蠕虫、木马在内的一些计算机病毒会利用某些漏洞来入侵或攻击计算机。微软采用发布"补丁"的方式来堵塞已发现的漏洞，使用 Windows 的"自动更新"功能，及时下载和安装微软发布的重要补丁，能使这些利用系统漏洞的病毒随着相应漏洞的堵塞而失去活动。

（三）始终打开防火墙

防火墙具有很好的保护作用，入侵者必须首先穿越防火墙的安全防线，才能接触目标计算机。可以将防火墙配置成许多不同保护级别，高级别的保护可能会禁止一些服务，如视频流等。

（四）不随便打开电子邮件附件

目前，电子邮件已成计算机病毒最主要的传播媒介之一，一些利用电子邮件进行传播的病毒会自动复制自身并向地址簿中的邮件地址发送。为了防止利用电子邮件进行病毒传播，对正常交往的电子邮件附件中的文件应进行病毒检查，确定无病毒后才打开或执行，至于来历不明或可疑的电子邮件则应立即予以删除。

（五）不轻易使用来历不明的软件

对于网上下载或其他途径获取的软件，在执行或安装之前应进行病毒检查，即便未查出病毒，执行或安装后也应十分注意是否有异常情况，以便及时发现病毒的侵入。

（六）备份重要数据

反计算机病毒的实践告诉人们：对于与外界有交流的计算机，正确采取各种反病毒措施，能显著降低病毒侵害的可能和程度，但不能完全杜绝病毒的侵害。因此，做好数据备份是抗病毒的最有效和最可靠的方法，同时也是抗病毒的最后防线。

（七）留意观察计算机的异常表现

计算机病毒是一种特殊的计算机程序，只要在系统中有活动的计算机病毒存在，它总会露出蛛丝马迹，即使计算机病毒没有发作，寄生在被感染的系统中的计算机病毒也会使系统表现出一些异常症状，用户可以根据这些异常症状及早发现潜伏的计算机病毒。如果发现计算机速度异常慢、内存使用率过高，或出现不明的文件进程时，就要考虑计算机是否已经感染病毒，并及时查杀。

第六节　局域网安全技术

作为 Internet 的重要组成结点，局域网技术的发展非常迅速，在各行各业的经营和管理中发挥着无可替代的作用，已经成为现代机构中承载非物质资源的重要基础设施。局域网的安全问题不仅损害局域网及机构本身利益，也不可避免地对 Internet 产生了影响。本章分为局域网安全概述、网络监听与协议分析、虚拟局域网安全技术与应用、无线局域网安全技术四部分，主要包括局域网的特征、局域网的组成、局域网的安全特性、网络监听与协议分析、动态 VLAN 的配置、无线局域网的优点、无线网络的安全问题等方面的内容。

一、局域网安全概述

（一）局域网的定义

局域网的定义有两种方式一种是功能性定义，另一种是技术性定义。局域网的功能性定义是在某一区域内由多台计算机互连在一起的计算机组，一般是方圆几千米以内。局域网可以实现文件管理、应用软件共享、打印机共享、工作组内的日程安排、电子邮件和传真通信服务等功能。局域网是封闭型的，可以由办公室内的两台计算机组成，也可以由一个公司内的上千台计算机组成。

局域网的技术性定义是由特定类型的传输媒体（如电缆、光缆和无线媒体）和网络适配器（亦称为网卡）互连在一起的计算机，并受网络操作系统监控的网络系统。

这两个定义分别强调了一个事物的不同方面。功能性定义强调的是局域网的外界行为和服务，技术性定义强调的则是构成局域网所需的物质基础和构成的方法。

（二）局域网的特征

局域网具有以下特点。

（1）地理分布范围较小，可以是在一个办公室内、一幢大楼内、一个企业内、一个校园内。

（2）数据传输速率高，一般为 10～100 Mb/s。可交换各类数字和非数字（如语音、图像、视频等）信息。

（3）误码率低，一般在 10 以下。这是因为局域网通常采用短距离基带传输、可以使用高质量的传输媒体，从而提高了数据传输质量。

（4）以计算机为主体，包括终端及各种外设，网中一般不设中央主机系统。

（5）一般包含 OSI 参考模型中的低三层功能，即涉及通信子网的内容。

（6）协议简单、结构灵活、建网成本低、周期短、便于管理和扩充。

（7）可进行广播或多播（组播）。

（三）局域网的组成

局域网通常都有一台网络服务器和若干工作站，它们之间通过网卡和网线连接起来，并运行相应的网络操作系统。

1. 网络服务器

网络服务器是网络的核心部分。局域网的操作系统就运行在服务器上，它负责网络的资源管理和通信工作，并响应网络工作站提出的请求，为网络用户提供服务。

一个局域网至少需要一台服务器，它的性能直接影响着整个局域网的效率，因而通常选用高档计算机或专用网络服务器来做服务器。所谓"高档计算机"指的是与一般计算机相比，CPU 运行速度相对较快、内存空间较大、硬盘空间也比较大，并且性能优越的微型计算机。

网络服务器通常都是文件服务器和打印服务器。由于服务器要处理来自所有工作站的请求（这些请求可能是访问服务器硬盘、申请打印服务，也可能是与其他设备进行通信），服务器对这些请求的接收、响应和处理需要花费时间，因此网络越大、用户越多，服务器的负荷就越大，对服务器的性能要求就越高。

2. 工作站

工作站是网络用户进行信息处理的个人计算机，它通过网卡和网线连接到服务器上，享用服务器提供的资源。工作站既能以单机的形式供用户使用，也可以向网络系统请求服务和访问资源，实现资源共享。

工作站通常都是普通的个人计算机，而且有时为了节约经费，有些工作站没有配置硬盘，称为"无盘工作站"。无盘工作站只能通过网络才能启动和运行程序。

3. 传输介质

传输介质（俗称"网线"）是网络中信息传输的媒体，是网络通信的硬件基础。传输介质的性能对传输速率、通信的距离和数据传输的可靠性等均有很大的影响。

在局域网中常用的传输介质有双绞线、同轴电缆和光纤等。在这三种传输介质中，双绞线被广泛应用于电话系统中，它的性能较差，但价格也比较低；同轴电缆在有线电视系统中经常采用，它的性能较好，价格适中；光纤则是最先进的通信线路，它的各项性能指标都非常好，但成本很高，而且连接起来有一定的难度。

4. 网卡

网卡是计算机的一种接口卡，位于机箱内部。网络服务器和工作站都必须通过网卡与网线相连接。网卡是局域网中的通信控制器和通信处理模块，它具体负责网络数据的接收和发送工作。

5. 网络软件

局域网的运行，除了要有硬件设备，还必须要有网络软件。

网络软件通常包括网络操作系统、网络协议软件和通信软件等。其中，网络操作系统使计算机具备正常运行和连接上网的能力。网络协议软件使各台计算机能够使用统一的协议，而运用协议进行实际的通信工作则是由通信软件完成的。网络软件功能直接影响到网络的性能，因为网络中的资源共享、相互通信、访问控制和文件管理等功能都是通过网络软件实现的。

（四）局域网安全特性

1.数据容易被窃听和截取

局域网是广播式网络。当局域网的一台主机发布消息时，在此局域网中任何一台机器都会收到这条消息，收到后检查其目的地址来决定是否接收该消息，不接收的话就自动丢弃，不向上层传递。

但是，当以太网卡的接收模式是混合型的时候，网卡就会接收所有消息，并把消息向上传递。因此，在某个广播域中可以侦听到所有的信息包，攻击者就可以对信息包进行分析，这样整个广播域的信息传递都会暴露在攻击者面前，数据信息也就很容易被在线窃听、篡改和伪造。

2.IP地址欺骗

IP地址欺骗其实就是伪装他人的IP地址以达到攻击其他人的目的。局域网中的每一台主机都有一个IP地址作为其唯一标识，但是主机的IP地址是不定的，因此攻击者可以直接修改主机的IP地址来冒充某个可信节点的IP地址进行攻击。

3.缺乏足够的安全策略

局域网上的许多配置扩大了访问权限，忽视了被攻击者滥用的可能性，使攻击者能从中获得有用信息进行恶意攻击。

4.局域网配置的复杂性

局域网配置较为复杂，容易发生错误，从而被攻击者利用。局域网的安全可以通过建立合理的网络拓扑和合理配置网络设备而得到加强。例如，通过网桥和路由器将局域网划分成多个子网；通过交换机设置虚拟局域网，使处于同一虚拟局域网内的主机才会处于同一广播域，这样就减少了数据被其他主机监听的可能性。

5. 计算机病毒的预防和消除

在局域网中，计算机直接面向用户，而且其操作系统也比较简单，与广域网相比更容易被病毒感染。大量的报告表明，目前计算机病毒大都是在个人计算机上进行传播的。因此，对计算机病毒的预防和消除是非常重要的，解决的办法是制定相应的管理和预防措施、安装正版防病毒软件、提供及时升级支持、对使用的软件和闪存盘进行严格检查，并禁止在网上传输可执行文件。

（五）局域网安全措施

根据局域网的实际情况，需要加强局域网各方面的安全技术，运用相关网络技术来保护网络信息安全。对于大规模局域网可以采取以下措施。

（1）规划网络，针对不同的用户划分不同的网段，并且在访问权限上进行严格的控制。

（2）定期对局域网重要网段进行扫描查找漏洞，进行修复，并在修复后生成报告，这也是一项重要的信息安全参考。

（3）建立 Windows 服务器更新服务（WSUS），主要为了能够及时堵住网络漏洞。

（4）要对无线和有线网络设置有效的安全认证机制，只有这样才能够为网络带来有效的接入认证服务。

（5）对局域网络采取行为管理机制，对有用的数据和信息进行提取，并且对其数据进行分析，掌握不良的网络信息。

（6）为了更好地发布和宣传网络信息安全，应建立网络安全门户网站。

（7）当局域网遭到危害时，为了防止丢失信息，应从配置、内容以及日志方面建立完整的备份体系。

（8）为了使局域网更加安全，要建立入侵检测系统以及预警机制。

（9）设置防火墙系统，能够更好地实现安全隔离，当一个区域出现问题时能够优先防止传播到其他区域。

局域网通过上述措施能够形成一套可预防、可检测、能够后续恢复的安全防护综合平台。

（六）局域网安全管理

在我们实际的工作和生活中会存在许多安全隐患，这其中有很多安全隐患是管理不善才造成的，在局域网中重视安全管理工作才是保障信息安全的关键，"三分技术、七分管理。"从这句话中我们能够了解到安全管理工作对于信息安全是多么的重要。

虽然有些网络技术能够解决局域网的安全问题，但是也不要忽视局域网的安全管理工作。安全技术虽然能够控制信息安全，但是安全技术要想发挥更大的作用，还需要安全管理工作的有效支持。只有将安全管理工作落实到位，网络信息安全才会得到保障。

为了网络能够可靠运行，并且实现网络安全，在局域网中必须要有网络管理，信息安全管理是网络管理体系中必不可缺的一个重要环节，它的主要任务是针对网络特性进行有效管理。因此，为了局域网的安全必须建立网络管理中心。安全管理要解决以下三方面的问题。

一是解决组织的问题，要建立信息安全组织结构，并且要明确相关责任。

二是解决制度的问题，要建立完善的安全管理制度体系。

三是要解决人员的问题，工作人员要加强安全意识，并且定期接受教育和培训。

只有做到这些才能够保障网络信息的安全并解决网络中出现的问题。

二、网络监听与协议分析

（一）协议分析软件

1. 概述

分析网络中传输数据包的最佳方式很大程度上取决于身边拥有什么设备。在网络技术发展的早期使用的是 Hub（集线器），只需将计算机网线连到一台集线器上。

协议分析的基本功能是捕捉并且分析网络的流量。例如，在网络运行时，网络的某一段运行报文发送很慢，但是却不知道具体问题出现在哪里，这时就能够采取协议分析做出具体的判断。

2.基本用途

（1）数据包探嗅器的使用领域

①商业类型：此类型的探嗅器是用来维护网络的。

②地下类型：此类型的探嗅器是用来入侵他人计算机的。

（2）典型的数据包探嗅器程序的主要用途

①用于分析网络环境中的失效通信。

②探测网络中是否存在入侵者。

③将得到的数据包信息转换成方便辨读的格式。

④能够探测到网络环境中存在的通信瓶颈。

⑤能够在网络中提取有用的信息。

⑥能够记录网络通信，这主要是为了解入侵者的入侵路径。

（二）网络监听与数据分析

1.Wireshark 常用功能与特性

（1）Wireshark 的常用功能

①网络管理员能够运用 Wireshark 解决网络存在的问题。

②运用 Wireshark 可以帮助人们学习网络协议。

③网络安全工程师可以利用 Wireshark 检测网络安全问题，并且能够检测网络活动。

④网络开发人员可以利用 Wireshark 调试协议。

（2）Wireshark 的特性

① Wireshark 可以利用多种方式查找数据包。

② Wireshark 可以运用多种方式过滤数据包。

③ Wireshark 可以根据不同的过滤条件，用不同的颜色显示数据包。

④ Wireshark 支持 Windows 以及 UNIX 两大平台。

⑤ Wireshark 可以建立多种统计数据。

⑥ Wireshark 可以在网络接口中获得实时数据包。

⑦ Wireshark 可以储存或打开获取的数据包。

⑧ Wireshark 可以在捕获的程序中对数据包进行导入或导出。

2.TCP/IP 报文捕获与分析

TCP/IP 报文捕获功能可以通过执行"Capture"菜单栏中的相关命令完成。一般首先执行"Interfaces"命令，选择网络接口，然后执行"Start"命令，开始捕获报文，执行"Stop"命令，停止捕获。整个工作界面可分为以下四个区域。

（1）过滤、工具栏区

过滤、工具栏区主要包括工具栏及过滤交互框。工具栏提供常用工具按钮以方便用户快速操作。过滤框提供各种过滤条件的设置与生效，以便实现针对性明确的捕获与分析。

（2）工作区

工作区主要显示捕获的报文基本信息，主要包括序号、时间、源地址、目的地址、协议类型、长度及有关信息。这一区域的信息反映了网络运行的过程状态。

（3）报文的协议封装结构

这一区域反映了工作区选定报文的协议封装结构及相对应的具体数据，用于发现具体的信息和问题。

（4）状态行

状态行在整个工作页面中位于工作界面最下方，我们可以在页面的最下方了解到状态行。

三、虚拟局域网安全技术与应用

（一）虚拟局域网概述

虚拟局域网（Virtual Local Area Network，VLAN）是为了解决以太网的广播问题和安全性而提出的一种协议，是一种将局域网内的设备逻辑地而不是物理地划分成一个网段，从而实现虚拟工作组的新兴技术。

通过使用 VLAN，能够把原来一个物理的局域网划分成很多个逻辑意义上的子网，而不必考虑具体的物理位置，每一个 VLAN 都可以对应于一个逻辑单位，如部门、机房等。由于在相同 VLAN 内的主机间传送的数据不会影响到其他 VLAN 上的主机，因此减少了数据交互的可能性，极大地增强了网络的安全性。按照 VLAN 在交换机上的实现方法，可以大致划分为以下几类。

1. 基于端口划分的 VLAN

这种划分方法是根据以太网交换机的端口来划分的，如何配置则由管理员决定。这种划分方法的优点是简单，将所有的端口都定义一下即可。

2. 基于网络层划分 VLAN

这种划分方法是根据每个主机的网络层地址或协议类型（如支持多协议）划分的，优点是即使用户的物理位置改变了，也不需要重新配置所属的 VLAN。另外，这种方法不需要附加的帧标签来识别 VLAN，这样可以减少网络的通信量。

（二）PVLAN 及其配置

1.PVLAN 概述

随着网络信息技术的快速发展，网络用户对网络的安全性有了更高的要求，人们对控制病毒传播以及防范黑客攻击上也有了更高的要求，这些要求都是为了能够保证网络用户的安全性。

传统的解决方法是私有虚拟局域网（PVLAN），即给每个客户群分配一个 VLAN 和相关的 IP 子网，通过使用 VLAN，每个客户从第二层被隔离开，可以防止任何恶意的行为和以太网的信息探听。然而，这种分配每个客户单一 VLAN 和 IP 子网的模型造成了巨大的可扩展方面的局限。

2.PVLAN 类型

（1）PVLAN 的端口类型

在 PVLAN 的概念中，交换机端口有隔离端口、团体端口和混杂端口三种类型。

①隔离端口

这种类型的端口彼此之间不能交换数据，只能与混杂端口通信，一般用作用户的接入端口。

②团体端口

这种类型的端口之间可以互相通信，也可以与混杂端口通信，主要应用在同一 PVLAN 中，给那些需要互相通信的一组用户使用。

③混杂端口

这种类型的端口可以与同一 PVLAN 中的所有端口互相通信，通常与路由器或第三层交换机相连接的端口都要配置成混杂端口，它收到的流量可以发往隔离端口和团体端口。

（2）PVLAN 类型

PVLAN 有以下三种类型。

①主 VLAN。主 VLAN 代表一个 PVLAN 整体。

②隔离 VLAN。隔离端口属于隔离 VLAN。

③团体 VLAN。团体端口属于团体 VLAN。

隔离 VLAN 和团体 VLAN 都属于辅助 VLAN，它们之间的区别是同属于一个隔离 VLAN 的主机不可以互相通信，同属于一个团体 VLAN 的主机可以互相通信，但它们都可以和与之所关联的主 VLAN 通信。

（三）动态 VLAN 及其配置

VLAN 有静态和动态之分，静态 VLAN 就是事先在交换机上配置好，事先确定哪些端口属于哪些 VLAN，这种技术比较简单，配置也方便，这里主要讨论动态 VLAN 技术及其安全意义。

1. 动态 VLAN 概述

动态 VLAN 的形成也很简单，当由端口自己决定属于哪个 VLAN 时，形成了动态的 VLAN。它是一个简单的映射，这个映射取决于网络管理员创建的数据库。分配给动态 VLAN 的端口被激活后，交换机就缓存初始帧的源 MAC 地址。随后，交换机便向这个称为策略服务器（VMPS）的外部服务器发出请求，VMPS 中包含一个文本文件，如果文件中存有进行 VLAN 映射的 MAC 地址，交换机就对这个文件进行下载，然后对文件中的 MAC 地址进行校验。

如果能在文件列表中找到 MAC 地址，交换机就将端口分配给列表中的 VLAN。如果列表中没有 MAC 地址，交换机就将端口分配给默认的 VLAN（假设已经定义默认的 VLAN）。如果在列表中没有 MAC 地址，而且也没有定义默认的 VLAN，则端口不会被激活。动态 VLAN 是维护网络安全的一种非常好的方法。

如果所分配的 VLAN 被限制在一组端口范围内，VMPS 确认发起请求的端口是否在这个组内，并做如下响应。

（1）如果 VLAN 在该端口是允许的，则 VMPS 向客户返回 VLAN 的名称。

（2）如果 VLAN 在该端口是不允许的，则 VMPS 处于不安全模式，这时拒绝接入响应。

（3）如果 VLAN 在该端口是不允许的，并且 VMPS 处于安全模式，则 VMPS 发出端口关闭响应。

如果 VMPS 数据库内的 VLAN 与该端口上当前的 VLAN 不匹配，并且该端口上有活动主机，VMPS 会根据 VMPS 的安全模式发出拒绝或端口关闭响应。如果交换机从 VMPS 服务器端接收到拒绝接入响应，将会阻止由该 MAC 地址发往此端口或者从此端口发出的数据，然后交换机将继续监控发往该端口的分组，并在发现新的地址时向 VMPS 或者从此端口来的通信如果交换机从 VMPS 服务器接收到端口关闭响应，将会立刻关闭端口，并只能手工重新启用。

出于安全的原因，用户可以配置一个 fallback VLAN 的名称，如果配置连接到网络上并且其 MAC 地址不在数据库中，VMPS 会将 fallback VLAN 的名称发给客户端。如果不配置 fallback VLAN，MAC 地址也不在数据库中，则 MPS 将会发出拒绝响应如果 VMPS 处于安全模式，则会关闭端口。

用户还可以在 VMPS 数据库中添加条目，拒绝待定 MAC 地址的访问。具体方法是将此 MAC 地址对应的 VLAN 名称指定为关键字"NONE"。这样，VMPS 就会发出拒绝接入响应或关闭端口。

交换机上的动态端口仅属于一个 VLAN，当链路启用后，交换机只能在 VMPS 服务器提供 VLAN 分配后才会转发来自或者发往此端口的通信，VMPS 客户端从连接到动态端口的新主机发送的首个分组中获得源 MAC 地址，并尝试通过发往 VMPS 服务器的 VQP 请求，在 VMPS 数据库中找到与之匹配的 VLAN。

Cisco Catalyst 2950 和 3550 允许多台同属于一个 VLAN 的主机连接在一个动态端口上。如果活动主机多于 20 台，VMPS 将把接口关闭。如果动态端口上的连接中断，端口将返回隔离状态并且不属于任何一个 VLAN。对连接到该端口的任何主机，在将端口分配给某个 VLAN 之前，要通过 VMPS 重新检查。

2. 动态 VLAN 配置

将 VMPS 客户配置为动态时，有一些限制，即为动态端口。指定 VLAN 成员身份时要遵循以下原则。

（1）将端口配置为动态之前，必须先配置 VMPS。

（2）VMPS 客户端必须与 VMPS 服务器处于同一个 VLAN 管理域中，且同属于一个管理 VLAN。

（3）如果将端口配置为动态，则会自动在该端口启动边缘端口（Port Fast）功能。

（4）如果将一个端口由静态配置为动态端口，端口会立即连接到 VLAN 上，直到 VMPS 为动态端口上的主机检查合法性。

（5）静态的 Trunk 端口不可以改变为动态端口。

（6）通道接口（Ether Channel）内的物理端口不能被配置为动态端口。

（7）如果有过多的活动主机连接到端口中，VMPS 会关闭动态端口。

四、无线局域网安全技术

（一）无线局域网概述

随着网络技术的发展，有线网络已经无法满足人们日常的需求，无线网络应运而生。无线网络给人们带来了更多的便利，深受人们的喜爱。无线网络自诞生就得到了迅速的发展，但是无线网络还是要依附于有线网络，无线网络无法单独存在。

在专业角度上看，无线网络是通过无线通信实现各种设备之间的通信的，并且在无线网络中能够实现通信的个性化、移动化。可以说无线网络是在无线通信技术和网络技术结合的基础上产生的。简单来说，无线网络就是在没有网线布置的情况下，依然能够提供以太互联功能的通信方式。无线局域网主要运用射频的技术取代原来局域网系统中必不可少的传输介质（如同轴电缆、双绞线等）来完成数据信号的传送任务。

（二）无线局域网的优点

无线局域网具有以下 5 个方面的优点。

1. 灵活性和移动性

无线网络与有线网络相比，有着较强的灵活性和移动性，在安装有线网络时，常常会受到线缆的长度或位置的限制，而无线局域网络在一个位置安装后，能够在无线信号覆盖的任何一个地方连接网络。

无线局域网与有线网络相比较最大的优点就是无线网络的移动性，用户在连接使用无线网局域网时，能够任意移动并且还能与网络保持连接的状态。

2. 安装便捷

由于有线网络在安装时需要大量网络布线，所以有线网络安装相对复杂，而无线网络相较于有线网络能够减少网络布线，这也是无线局域网的最大优势。并且无线局域网只需要安装一个或多个设备，就能够有效覆盖整个区域的网络。

3. 易于进行网络规划和调整

在办公室或网络拓扑的地方，有线网络可以重新构建网络规划，但是重新构建网络规划，不光费时费力，并且也会花费大量金钱，无线局域网可以减少或避免这类情况的发生。

4. 故障定位容易

由于有线网络发生故障时，很难查明出现的故障在哪里，在检查线路时会付出一定的时间成本。无线局域网与有线网络相比，在发生故障时，很容易定位故障出现的地方，这时只需要更换故障设备，就能够恢复网络连接。

5. 易于扩展

无线局域网的配置方式有很多种，无线局域网与有线网络相比最大的优势就在于扩展迅速，无线局域网能够从几个用户的小型局域网快速扩展到上千用户的大型网络，无线局域网还能够实现有线网络无法实现的"漫游"功能。

由于无线局域网有以上优点，因此才能够得到迅速发展。近年来，无线局域网络已经在众多场合中得到了充分的运用。

（三）无线网络的脆弱性

虽然无线网络为人们带来了便捷，但是无线网络自身也带有脆弱性，主要体现在以下几个方面。

1. 体系结构的脆弱性

网络体系结构分为上、下两层，上层主要是为了服务调用者，并且上层能够调用下层的服务，下层是无线网络服务器的提供者。如果下层的服务发生错误，就会影响到上层的工作。

2. 网络通信的脆弱性

网络安全通信在网络应用中是重要的信息之间传递、交换的保障，如果通信系统存在安全缺陷就会影响到网络设备之间信息的交换和传递，并且会危及网络整体的系统安全。

3. 网络操作系统的脆弱性

在整个网络操作系统中，UNIX、Windows、Netware 等操作系统都存在着各种不同的漏洞，一旦这些漏洞遭到攻击者的利用，就会使整个网络安全受到威胁。

4. 网络应用系统的脆弱性

网络应用系统和上述的网络操作系统是一样的，他们都存在一定的脆弱性，并且一旦被攻击者利用，就会使整个网络安全受到威胁。

5. 网络管理的脆弱性

在无线网络中，网络管理工作显得尤为重要，但是网络管理工作在无线网络中存在许多不足之处，如岗位职责混乱、设备选型不当、安全制度不健全等，这些因素都会成为网络安全隐患。

（四）无线网络的安全问题

与有线网络相比较，无线网络的安全问题更为突出，其接入网络的便捷性使得黑客、病毒等能更悄无声息地进入网络。总的来说，无线网络安全存在以下几方面安全问题。

1. 网络资源暴露无遗

如果一些别有用心的人通过无线网络找到别人的无线局域网并且连接进去，

会获取整个网络的访问权限。

当遇到这种情况时，除非无线局网用户本人采取了一定的措施，否则入侵者就能够做到任何授权用户能做到的事，可想而知后果的严重性。

2. 数据信息被泄露

数据文档包含了各种敏感信息，如私密照片、产品配方、客户资料等，通常可以独立存在，而不依赖于具体的硬件、系统或网络，因此对电子数据的保护也是网络安全的重要环节。

公开的共享目录、未加密的电子邮箱文件夹、缺少有效的备份策略、误删除文件，以及明文提交的网页表单、访问授权的失控等，都是可能导致信息泄漏的触发点。当然，数据安全的防护等级取决于用户的需求，对于越重要、越敏感的数据资料，越应该采取强力的保护和授权措施，一旦重要的数据信息泄露，后果不堪设想。

3. 存在的威胁

安全威胁是非授权用户对资源的保密性、完整性、可用性以及合法使用所造成的危险。无线网络的传输方式与有线网络的传输方式有所不同，所以两者的安全威胁也是不同的。

无线网络和有线网络采取的网络连接技术也是不同的。无线网络采用射频技术进行网络连接，所以与有线网络相比，还是会存在一些有线网络不存在的安全危险。

面向网络提供服务是实现信息系统功能最主要的形式，因此如何鉴别访问的合法性变得尤为重要，特别是对于那些用户群体庞大、面向人员复杂的应用系统，如网站、电子邮件、文件传输协议（FTP）服务器等，网络安全更是关注的焦点。

第四章 计算机数据处理

计算机数据处理指的是计算机分析、整理、综合、转换批量数据（特指原始数据）以获取有用信息的过程。本章主要讲述计算机数据处理，从两个方面展开叙述，分别是计算机数据、计算机数据结构。

第一节 计算机数据

一、信息与数据

（一）信息与数据的区别和联系

什么是信息？信息是客观世界中各种事物的变化和特征的最新反映，是客观事物之间联系的表征，也是客观事物状态经过传递后的再现。

信息作为客观事物特征和变化的反映，总是在不断地生成和传递。银河系的星群、微观世界的基本粒子、天空中的风雨雷电、市场上各种商品供求的动态变化、社会生活中人与人之间的关系和变化等，都通过各种各样的信息反映出来。

信息是客观事物之间相互作用、相互联系的表征。例如，"山雨欲来风满楼"，"风满楼"作为一种"山雨欲来"的信息，正是"山雨欲来"的表征，这一信息就揭示了"风"和"雨"这两种自然现象之间的相互联系。

信息是要经过传递的，任何信息只有经过传递才能被人接收和利用。信息的范围极其广泛。语言文字是社会信息、湖光山色是自然信息、遗传密码是生物信息，总之，信息的概念是太大了，不论怎样描述和定义，总是带有一定的片面性。

什么是数据呢？数据是反映客观现实情况的数字或文字以及声音、颜色和图像等，是那些被处理后能产生信息的东西。因此，数据又可以被认为是任何的基本事实，利用一组基本事实去产生信息的过程就是所谓的数据处理。

由于数据是反映客观现实情况的，其中蕴含着有关现实情况的信息，因此数据是载荷信息的媒介。举例来说，当我们得到生产产量数据，就可以了解生产的情况，也即获得了有关生产情况的信息；当我们得到库存数据，就可以了解库存情况，也即获得了有关库存情况的信息。其中产量数据一般是用数字描述的，库存数据中除了数字之外，可能还有一些名称、订货单位之类用文字表示的一些内容，它们也属于数据的范畴。在此我们只讨论这些由文字和数字构成的数据的处理。

数据和信息是两个密不可分的概念。数据是为信息传递服务的，它是信息得以传递的依据。但是信息在数据中的蕴含方式却是不同的，有些信息从数据的表面就可以得到，而有些信息却不是直截了当的。例如，当你看到一个数据"砌墙共用砖三万块"，你马上可以得到一个信息——砌墙一共用了三万块砖。但是究竟是否符合定额标准，这个信息就无法获得，只有和另外两个数据"所砌墙的体积"和"单位墙体用砖定额"相联系，经过运算和比较，才能得到有关"是否符合定额"的信息。又如军事上经常采用的密码和口令，其数据和信息既是相联的，又是分离的。这就是说，数据所带的信息分两类，一类可以使接收者直接得到信息，另一类只有经解释和加工之后才能产生信息。因此有人说信息是对数据的解释，是加工了的数据。

在一个企业管理信息系统中，一般来说，管理者所处的地位越高，他们所要求的信息就越需要加工和处理，例如，一个工段的管理者要了解各班组的生产情况，只需把各班组的生产记录拿来一看，便可基本达到目的。而工区的领导者并不大关心班组的具体情况，而是各工段的情况，这就需要在班组数据的基础上加以归纳合并，生成一张供工区领导使用的报表。类似的，更上级的领导也需要他们所属的各层管理人员，在原有数据基础上加工整理，产生出适合自己获取信息需要的数据内容，诸如报表、总结、分析、意见等等。

如上所述，一个企业内部的信息就是这样从最下层的数据，逐步加工提炼，一直到达各层管理人员和需要获得该信息的部门。每个信息管理部门的职责就是把蕴含着不很直接的信息的那些数据加工成可以直接向上级管理者或其他有关部门反映他们所关心情况的信息。严格说来，这种处理后所产生的内容仍然属于数据，但为了与前一种数据相区别，人们往往把它们叫作信息。这也就是许多有关数据处理的书上所常说的"数据处理的任务就是把数据加工成信息"中"信息"一词的含义。

无论如何，数据加工处理之后所产生的东西仍然是数据，充其量是"高一级水平"的数据。只有它被有关的人得到，并与他们关心的问题联系起来，产生某种新的认识的时候，才能转化为信息。但是为了适应大多数人的习惯，我们不妨把信息的两种概念混合使用，不再区分它究竟指的是"真正的信息"还是"高一级水平的数据"。在本书中，也不再严格区分数据和信息两个词的使用场合，因为在一般情况下，它们并没有什么明显的界限。

（二）信息的性质与需求

信息的性质可以从许多不同的角度来描述，一般说来，它包括：准确性、表达形式、频度、宽度、来源、时间趋势、针对性、完整性、及时性和经济性。

准确性是指信息的真实程度。显然，只有掌握准确的信息才能做出正确的决策。收集数据、处理数据、传递数据都有可能把不准确的内容掺杂到信息中去。例如，编制预算定额和产生单位估价表都涉及大量的数据收集和处理工作，下发定额、修改定额也都有数据的传输问题。施工单位的预算工作也有类似的问题。因此，如何摒弃或减少各种不准确因素，保证信息的准确性，是数据和信息管理人员首先要考虑的问题。

信息的描述形式是指描述信息的方式和传递信息的媒介。例如，描述定额可以用表格形式，也可以用文字形式，下达定额可以用书面印刷做媒介，也可以用磁盘或磁带做媒介。究竟什么样的信息用什么样的形式和媒介，不同的情况有不同的要求，管理人员应妥善地选择形式和媒介，可保证信息的正确和用户的使用方便。

信息的频度是指使用该信息或变动该信息的经常程度如何。有些信息属于固定的或半固定的。例如，人事档案、设备档案等。而另一些信息是变化较频繁的。

例如设备的运转记录、财务的收支账目等。对于定额和预算工作来说，定额一般是固定的，而预算是随着新项目的出现而更动的。研究信息的变化和使用频率，有益于考虑它们的组织形式和存取方式。

信息的宽度是信息所反映的事件有多大范围。例如，有关定额的信息可以是全国通用的，可以是部门通用的，也可以只适用于某一地区。一般说来，信息所适用的范围越宽，收集处理起来就越困难。当然信息宽度大，更适合于标准化和统一管理，这其中有一个折中和平衡的问题。

信息的来源可以是组织内部，也可以是组织外部。一般说来，内部信息的获取和处理都较为容易。但是随着我国经济的开放和搞活，越来越多的外部信息将对本地区的各个方面产生影响。如何适当地获取和利用外部信息，已经成为我们必须考虑的重要问题。计算机网络为迅速和准确地获得外部信息提供了有力工具，但这牵涉到成本、通信、组织和控制等许多方面的问题，必须予以通盘考虑。

信息的时间趋势有三种：着眼于过去、着眼于目前和着眼于未来。定额工作一般是基于过去的资料，但随着新技术、新工艺的出现，必须随时有新的定额出现，以保证施工单位使用。预算工作就更应有着眼于未来的能力。由于我国许多原材料实行了市场浮动价格，在进行预算时一定要对未来价格的变化有较充分的估计。这一点在当前的预算工作中尚不被重视或无力做到，但随着计算机的使用，应对此有所考虑。

针对性是区别信息与数据的主要因素。只有有针对性的数据才能转化为信息。例如，你把轮船设计图纸中的数据告诉给冰箱生产厂家，就决不会对它产生任何信息。定额工作也是如此，各个部门都有与自己业务有关的定额，如果把与它无关的定额下达给它，就是缺乏针对性。

完整性是指信息应能满足使用者的需要。显然，子目不全的定额是很难被施工单位使用的。同样，各种材料的规格、型号、价格也都应尽可能完善。完整性和针对性有时会发生矛盾。过于追求完整性往往会使信息过于庞大、针对性不强，过于强调针对性有时会使一些不甚重要或不经常使用的内容被忽略掉。

及时性有两个含义。一是要求信息能够随用随有；另一个是要求信息永远是最新的。在手工处理中，及时性往往不易保证。例如某项定额的更动，往往要有一定的滞后时间才能真正贯彻使用。在这方面计算机具有较大的优势。

信息的经济性是获得信息所花费的代价。要衡量代价，首先要了解信息本身的价值，信息的价值是什么呢？信息的价值不是经济学中那种使用价值和价值，而是以信息对人的各种有用程度来度量其大小，有用程度大则价值高，反之则低。可见信息的价值与其有用程度是一种正比关系。

以上我们简单地介绍了信息的各种性质。研究信息性质的目的在于合理地予以考虑，达到各方面的优化安排。应该看到，不同性质的管理任务对于信息的各方面性质侧重不同。有些侧重于准确性，另一些则侧重于及时性；有些也许侧重外部信息，另一些则主要是处理内部信息。因此，必须针对自己所面临的具体问题来决定侧重点，以便最佳地满足对信息的各方面要求。

实践表明，对于预算系统来说，输出信息的准确性、及时性和格式规范化是必须侧重考虑的几个方面。

二、数据的编码、组织和存储

（一）数据的编码

编码是为了方便数据处理给数据编设的代码。所谓代码，指的是代表事物名称、属性和状态的符号与记号。在很多情况下，计算机是通过事物的代码来识别和处理事物的，所以为了记录、传播处理和检索数据，计算机处理必须代码化。

代码的主要作用有两个：一是代码可以为数据提供一个简单明确的代号，由于代码比数据本身要短得多，无论是记录还是记忆都较容易，同时也可以大大节省存储空间和处理时间。二是它可以提高数据处理的效益和精度，因为一旦编码，输入、查找、排序、累加和统计等操作都将变得十分方便。

一套编码，如果有较多的使用者，码的编制必须标准化，尤其是使用计算机的数据处理系统，编码结构已经成为衡量数据处理系统是否具有生命力的一个重要因素，因此编码一般要遵循下列一些基本原则：

（1）编码的方法必须是合理的，在逻辑上适合使用者的需要，在结构上适合数据处理的需要。例如，同一册定额的子目代码应有相同的标志，且可以与其他册区分开来。再比如，材料的编码应使同类材料有共同之处，便于分别统计汇总。

（2）编设代码时要预留足够的位置，以适应情况的变化。例如，在定额中，如果把各章所有定额连续编号，一旦在某一需要添加新定额时，除非变动原有定额编号，否则无法添加。

（3）每一代码对所代表的数据项目必须具有唯一性，否则就会混淆。例如，不同规格的同类材料应从代码上反映出来，材料代号应和每种基本材料一一对应。目前施工机械虽然有全国统一编号，但有些设备在性能上有区别却使用了同一编号，这就很不利于计算机处理。

（4）代码设计要系统化，尽可能地使代码结构对各个有关方面都能通用，即代码应尽量适应组织的全部功能。例如，建筑材料的代码在订货、库存、采购、定额编制、工程预算以及产品的建筑材料用量分析等工作中都要使用，因此代码的统一至关重要。

（5）代码设计要等长。例如，应当用 001～199，而不用 1～199。

（6）当代码长多于 5 个字符时，应用连字符分成小段，这样读写时就不易发生错误。例如，726—499—6132 比 7264996132 更容易记忆和记录。

常用的编码方法有以下几种：

1. 顺序编码

顺序码也即按顺序编码，又叫系列码，它是一种用连续的自然数代表编码对象的码。例如：

001　红砖

002　毛石

003　水泥 325$^{\#}$

　　·　　　·

　　·　　　·

．　．

728　日光灯管 40W

顺序码比较简单，容易定位，便于管理，所以最为常用，但这种码没有弹性，新增数据只能列在最后，删除数据则造成空码。此外除作为序列以外，码本身不能反映任何信息特征。

2. 区间编码

区间编码是把码所代表的数据项目分成若干组，码的每一区间代表一个组，典型的例子是邮政编码。表 4-1-1 是施工单位的所属、性质和人数的代码表。码211 代表市内、国营、拥有 1 000 人以上 2 000 人以下的施工单位。

表 4-1-1　施工单位代码表

施工单位的来源（第一位）		施工单位的所有制（第二位）		施工单位人数（第三位）	
码	分类	码	分类	码	分类
1	省内外市	1	省内外市	1	省内外市
2	市内	2	市内	2	市内
3	省外	3	省外	2	省外

（二）数据的组织

目前计算机所能处理的数据还只限于那些可以记载下来的事实，因此数据的形式有时可以很简单，有时也可以很复杂，但在计算机中数据并不是杂乱无章地堆砌在一起，而是具有一定组织形式和层次关系的。只有对数据进行合理的组织，才能保证占用空间少、存取速度快、处理准确方便。

根据数据的复杂程度，一般分为四个层次：数据项、记录、文件和数据库。

数据项是对一个数据处理对象的某一个属性的描述。在数据处理中它是可以直接使用的最小单位。数据项由一组字符组成，字符是构成数据的最小单位，字符可以是数字、字母和其他专用符号（如 $、*，!），还可以是汉字。构成数据项的一组字符只有作为一组时才有意义，而不能作为个别字符来解释。例如，人的年龄（25）、性别（MAN）就是一个数据项。数据项根据它代表的属性与其自身的形式不同可以分为数值型、文字型和逻辑型。

记录是数据处理中可以独立存取的单位，通常一个记录表示一个具有独立逻辑含义的事件，它由一个或多个数据项组成。例如，每一个分项定额就可以看成一条记录，它由基价、人工费、材料费、机械费以及各种人工、材料和机械消耗量等数据组成。

文件是具有内在联系的记录的集合。在一般情况下，一个文件包含的记录都具有相同的格式。根据文件中记录的组织形式不同，文件又可分为顺序文件、索引文件、倒排文件和直接存取文件等各种类型。

数据库是数据组织层次中目前已达到的最高级别。简单地说一个组织内的数据库是其逻辑相关文件的集合。但严格说来，数据库的概念不仅指文件的简单集合，而且蕴含着对文件的重新组织，以便最大限度地减少若干文件中的数据冗余，增强数据文件之间的相互联系，实现用户对数据库中数据的共享。

（三）数据的存储

1. 存储形式

为了处理记载的事实——数据，必须把数据存入计算机，即存于计算机的内存或外存中。在一般情况下，数据在内存和外存中的存储形式都是一致的。

2. 存储介质

计算机处理的数据，更长期地还是存储于外存，只在处理时才存入内存。目前广泛使用的外存储器主要是磁带和磁盘。磁带是较早出现的一种外存储器，它工作原理很类似于录音机的磁带，事实上，许多微型计算机就是用录音机作为磁带机，以录音磁带作存储器的。磁带存储容量大、成本低、便于长期保存和更换，所以至今仍被广泛使用。近年来，磁带机又有了进一步的改进，存储密度和传输率都有较大提高。磁带存储的最大缺点在于它只能采用顺序存取方式，因而大大地降低了存取速度，而磁盘恰恰弥补了这个不足，所以近年来磁盘的应用量已经远远地超过了磁带。

磁盘是两面涂有磁性材料的圆盘，表面被分成一系列被称为磁道的同心圆，每个磁道上又划分为若干个扇形区，称为扇区。数据就是以磁道和扇区的不同编号为地址进行存取的。在每个盘片的上下两方各有一个磁头，装在活动臂上，当臂水平移动时，磁头可以被定位在合适的磁道上，而随着磁盘的旋转，磁头就可以扫描该磁道上的每一个扇区，实现数据的存取。

三、数据处理

事实上，计算机系统只能处理数据，不能处理信息；而数据所表示的意义才是信息。严格说来，计算机系统利用一组基本事实（原始数据），通过加工产生信息的过程应该称之为数据处理，而不是信息处理。

（一）数据处理工作的主要内容

数据处理主要包括以下几个方面的工作：数据的收集、加工、传输、检索和输出。

数据收集工作是数据处理的首要一环，是其他一切处理工作的基础，数据处理质量的好坏，产生信息的价值，很大程度上取决于原始数据的可靠性。计算机领域有句名言："进去的是垃圾，出来的仍然是垃圾。"这就生动地说明了原始数据的重要性。遗憾的是数据收集目前在国内外都是薄弱环节，多数情况下这一工作仍要依赖于手工。例如工程预算定额的测算，无论是采用经验估计法、统计计算法还是技术测定法，它们的原始数据都必须通过人工方法来获取。预算工作中的初始数据也必须由预算人员从施工图纸上手工摘录下来。这势必造成数据收集效率低下，也难免出现差错，因此，加强原始数据收集工作的自动化，已经成为一项十分重要的课题。

数据的加工就是对数据进行各种计算、逻辑分析、归纳汇总，使之成为新的信息。具体的加工方法，则随所处理问题的性质不同而千差万别。有人曾把数据加工归结为八种操作，即：

（1）变换（例如，把单据转入凭证并记入总账）；

（2）排序（例如，按照定额编号将定额排列起来）；

（3）核对（例如，对键入的初始数据进行核对）；

（4）合并（例如，把若干册定额中的相关子目合并成本单位的有用定额）；

（5）更新（例如，对原有定额进行修改或增删）；

（6）抽出（例如，从一本定额中抽出与本地区有关的子目作成一个简化的专用定额）；

（7）分解（例如，把整个设计预算分解成为基础、主体、装修等几个部分）；

（8）生成（例如，由预算定额和分项工程量经过运算后生成工程预算书）。

上述八种操作是数据处理工作中最基本的加工操作，现在高级数据处理系统已经引入了各种现代的技术手段，例如采用预测技术、模拟技术、控制论、运筹学等方法对数据进行更高一级水平的加工。

数据传输就是使数据在规定的通路中流动。传输要求做到快速、准确。对于微型计算机而言，单机使用、数据传输只是在一台微型计算机系统内的传输，基本不存在速度和失真问题，但对于多终端的小型机和中型机，或者对于若干台微型计算机联结成网的网络系统来说，数据传输则是十分重要的问题。有些系统，数据是通过电缆直接与 CPU 相连的，这时则称 CPU 与终端之间直接"硬连"。远程传输是通过电话、电报和微波的方法来实现。微波传输速度高，但必须通过专门设立的微波通信站进行发射和接收。目前最普通的数据传输方式是通过电信线路——电话线来进行的。由于电话线主要是用于声音通信的，而数据传输的速度和密度都远大于声音传输，因此电话线作远程数据传输媒介，有时会把数据弄错。

数据的存储可以采用各种方式，书面文字、磁带、磁盘、缩微胶片等均可用作存储数据的媒介。存储的目的在于使用，究竟采用哪类存储方式，应该以有利于使用为衡量标准。书面文字是流传久远的存储方式，但占用空间大，查找也不方便，修改更为困难。磁介质存储器存储容量大，便于修改、查找和存取，但长久保存比较困难。在实际应用中是根据数据的使用情况，来选择存储媒介的。一是要考虑使用方便，二是要考虑存储成本。

数据检索是在存储了的数据中找到所需要的数据。由于数据的存储方式和用户需要数据的目的不同，检索有许多不同的方式和途径，究竟选择哪种方式和途径应以迅速而又准确的响应为衡量标准。

数据的输出是将计算机处理的结果传送出来，给用户提供需要的信息。数据输出也有多种方式，如屏幕显示输出、打印机打印输出，有的结果数据可能需要被另外系统进一步处理，这时还会有凿孔机穿孔输出或软盘输出，以便作为另外系统的初始数据。究竟选用哪种输出形式是由用户的需要决定的。譬如，临时查询的输出在屏幕上显示较好，可以得到快速响应；给各级管理人员过目的信息必须打印输出，而且根据信息内容的不同还要设计相应的输出格式。输出形式的选择和输出格式的设计也是数据处理系统中一个很重要的部分。

（二）数据的处理方式

随着计算机应用领域的扩大，其数据处理方式也日趋多样化。但基本上可做如下两种分类：一种是分为成批处理、远程成批处理、分时处理和实时处理，另一种是分为联机处理和脱机处理。

成批处理方式是每隔一个时间间隔集中处理一批程序和数据，其输入输出由靠近计算机的外围设备来实现。成批处理的基本目的是高效率地应用昂贵的计算机资源，获得尽可能高的吞吐量（每单位时间的处理量），体现作业执行的计划性、用机和处理的集中性。工程预算系统的数据处理方式，就是典型的成批处理方式，每项工程设计完后，预算人员根据设计图纸整理出原始数据，然后一次性输入计算机，由计算机一次性地计算出各部分分项工程量，并套算定额，计算工程造价以及人工、材料和施工机械的消耗量，最后打印出来。

成批处理是对用户的响应性做出牺牲而提高处理效率的一种方式，所以不适用于那种即时性较强的工作。

远程成批处理是和成批处理相同的处理方式，只是输入输出由远程终端设备进行。它把作业从分散的远程终端通过通信线路输入计算机，经过成批处理以后，再把结果送回到终端。这种方式能够在作业要求的发生地输入输出，所以，不必进行把输入输出数据向计算机所在地的搬运工作。远程成批处理可以说成是成批处理的联机化，除了计算机和终端的通信控制外，成批处理功能可原封不动地被利用。

分时处理方式是指多个用户在联结一台主机的不同的终端上同时访问同一台主机，而且各个用户好像是各自使用自己的计算机，用户一边与计算机会话一边通过人和机器的协调来解决处理问题。分时处理方式的实现是由于计算机将它的CPU工作时间划分成很小的时间片（时间段），然后轮流地分配给各终端使用，虽然每一用户用完一个时间片，需再等下一个时间片到来才能继续用，但是由于计算机的运转速度极快，每个用户的每次要求都能得到很快的响应，所以用户根本感觉不到多人共用一台机，如同自己单独用机一样。

在分时处理中，由于多个用户同时共用，用户之间需要有保密性和安全性要求，为此，通常在作业开始时先要进行口令的检查，由于文件统一管理，所以还要进行存取权的检查。

实时处理，毋庸多言，它的最大特点是处理的即时性和响应性。也就是说实时处理一般是对随机产生的数据或处理要求随时接受，并立即送回处理结果。其响应时间必须充分满足对象系统或对象业务的要求，而且响应时间的具体值必须保证在系统最繁忙时仍满足要求。例如，发射卫星的控制系统，响应时间必须限制在几微秒。

由于实时处理的即时性要求，无论远程还是近程数据发生点的数据都应能够直接输入计算机，而且必须具有反馈功能，因此实时处理方式又一定是联机处理方式。当强调实时处理方式的联机性时，常常用联机实时处理方式一词来表示。

上述几种处理方式的描述，因为不是从同一观点出发，所以不一定是排他的，而且也不是完全包罗的。

联机和脱机是从另一个角度对处理方式进行分类的概念。其实和上面四种处理方式的概念是重叠的。

联机处理方式是把处理请求或数据从发生点中途不经过人手而直接输给计算机，并且在需要的地方直接地输出处理结果。

脱机处理方式是指需手工干预的作业部分都在不与主机相联的辅助设备上来完成。譬如，穿孔机穿孔、验孔机验孔等过程都不占主机时间，其主要特点是辅助和准备工作尽可能脱离主机来进行。

分时处理和实时处理必须是联机处理方式，远程成批处理一般也要联机，而成批处理一般都是脱机处理方式。

第二节　计算机数据结构

一、概述

计算机数据处理系统的处理对象是大量的数据。这里所说的数据是描述客观事物的符号。这些符号可以表现为数字、英文字母，也可以表现为汉字以及计算机能够识别的其他特殊符号。数据只有经过加工和处理才能成为信息。

被加工和处理的数据并非散乱而无组织的，因为数据与数据之间存在相互关系。在存储数据时，为反映数据间的关系，从而更加有效地利用数据，必须把它们按照一定的规律或方式组织起来，一方面体现各个数据之间的关系，另一方面提供对数据进行存储和检索等操作的方式。

数据结构是数据处理系统设计的基础，它是寻求在有限的存储空间内存放最大量的数据，同时在最短的时间内找出所需数据的方法和手段。在计算机科学领域，数据结构已成为最基本最重要的课题之一。

其中，数组、有序表、栈、队、链表、树和字符串是几种常用的数据结构。由于实现这些结构的基本"工具"是指针和链，我们先介绍指针和链的概念。

指针又叫指示字、指引元。它用以表示数据项目之间的关系。在数据项目中增加的一个数据项，其值是与本数据项目具有某一逻辑关系的另一个数据项目的地址。其中数据项目又叫数据元素，它是数据结构中单个的数据成分。图4-2-1是一个简单的链和指针系统，它说明了逻辑链和指针的工作情况。图中数据项目是一个学生档案记录，N是记录的地址，记录中最后一个数据项是学生籍贯指针，由指针的软件功能，将具有相同籍贯的学生记录"联结"在一起。如图中1、3、6记录是一条链（山东），2、4、5记录是另一条链（河北）。像这种由指针联结的具有某一逻辑关系的若干数据项目的序列称为链。图中指针项放"*"号表示逻辑链到此结束。

N	学号	姓名	年龄	籍贯	籍贯指针
1	123	李　明	24	山　东	3
2	125	张　键	21	河　北	4
3	148	王　力	22	山　东	6
4	156	陈　红	20	河　北	5
5	173	丁　晓	23	河　北	*
6	184	刘　伟	22	山　东	*

图 4-2-1　将相同籍贯联结起来的链结构

数据结构又有数据的逻辑结构和物理结构之分。

逻辑结构：数据的逻辑结构描述数据元素之间抽象化、概念化的组织形式，它是应用程序所看到的结构。例如图 4-2-1 给出的数据结构就是一个逻辑结构，用户编制的数据处理程序以数据的逻辑结构为基础。

物理结构：数据的物理结构描述数据元素在计算机存储器中的组织方式，所以又可称为存储结构。一种数据的逻辑结构可以通过映象得到与它相应的数据的物理结构。例如图 4-2-1 中给出的数据结构，在计算机内可以用一片连续的内存区域来存储，如图 4-2-2 所示。

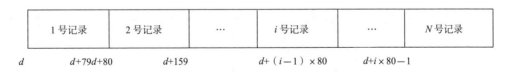

1 号记录	2 号记录	...	i 号记录	...	N 号记录

d　　　$d+79$　$d+80$　　　$d+159$　　　　　$d+(i-1)\times 80$　　$d+i\times 80-1$

图 4-2-2　数据项目的顺序存储示意图

图中假定每个记录占 80 个字节，1 号记录从 d 号字节开始存放，则 1 号记录占 d~$d+79$ 字节，i 号记录占 $d+(i-1)\times 80$~$d+i\times 80-1$ 字节……

对于同一逻辑结构的数据结构可以有多种不同的物理结构，选择适当的存储结构可以达到存取速度较快、存储空间利用率较高，以及数据修改方便等目的。

本书将始终基于数据的逻辑结构和物理结构两个方面来讨论数据处理方法。

二、数组和顺序线性表

（一）数组

数组是最基本最常用也是最重要的一种数据结构。是其他数据结构借以实现的基础。绝大多数高级语言和许多低级语言都能直接定义数组。

当数组是一个含有具体内容的实体时，我们称之为有序数据的集合；当它尚未存入任何数据时，它只是一个按逻辑顺序标明序号的存储单元的集合。

数组分为一维数组、二维数组和高维数组。一维数组，是由数字组成的以单纯的排序结构排列的结构单一的数组。一维数组是最简单的数组，其逻辑结构是线性表。如 $a[2]$ 是一维数组，这个数组只有 2 个元素。二维数组是一维数组的组合，如 $a[2][3]$，这个数组有 6 个元素。

在数组 A（m，n）中，含有 $m \times n$ 个有序数据，数组 B（n）中含有 n 个有序数据（假定下标从 1 开始）。数组中每一个数据称为数组元素，表示某元素在数组中位置的序号称为数组下标，由数组名和下标合起来表示的数组元素称为下标变量。在算法语言里，数组说明的过程也就是给数组分配内存单元的过程。此时数组只是逻辑上标明序号的连续存贮单元的集合。尽管数组的逻辑结构是一致的，但物理结构却因操作系统和编译程序的差异而有所不同。例如顺序存储和非顺序存储。

数组的顺序存储法分为两种：一种是以行为主的排列方式称为主行法，另一种是以列为主的排列方法称为主列法。

在数组上一般只进行两种操作。

（1）取出数组的某一元素。

（2）存入一个新值到数组的某一位置。

利用数组可以方便地从内存取出或向内存存入大批数据。在算法语言中，对数组任一元素的存取所花费的时间都相等，这与下标定位法有关，编程序时巧妙利用下标的变换，可以实现许多奇特的功能。

（二）顺序线性表

表也是最简单、最常用的数据结构之一。一个表是可变个元素组成的有序集，其中元素可以是一个数据，也可以是一个记录，有时比记录的范围还要大，在这里我们称其为结点。如果结点之间具有邻接关系，就称为线性表。邻接关系有两个含义：如果表中各结点在物理上邻接，则此表为顺序线性表，又叫有序表，如图 4-2-3 所示。其实这种顺序线性表，就是一个结点序列。如果表中各结点之间在物理上不相邻，而是通过每个结点内添加的一个指针项指出下一个结点的地址，形成物理上不相邻的线性表就称为链式线性表，简称链表（之后会讨论），在这里我们只讨论顺序线性表。

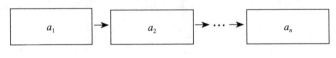

图 4-2-3　顺序线性表

由于顺序线性表中各结点的次序性，总是把它的每一个结点集中存放在存储器的一个连续区域内。一个结点的前置结点位于紧靠着它的前面一个存储单元中，它的后继结点位于它后面紧跟着的存储单元。因此有：

Loc（ai+1）=Loc（ai）+m

其中：m——每个结点所占字节数（$m \geq 1$），Loc（ai）——结点 ai 所在空间的第一个字节的地址。

对顺序线性表的处理，一般是将其放在数组里进行。若表中结点只是一个数据，则此表为一维表，若结点是一个记录，则为二维表，一维表用一维数组处理，二维表用二维数组处理。其上的基本操作如下：

（1）取出第 i 个结点。

（2）存一个新值到第 i 个位置，取代原第 i 个结点的值。

（3）插入一个结点到第 i 个位置（$1 \leq i \leq n$），这时使原第 i~n 个结点依次向后移，变成第 i+1，i+2，…，n+1 个结点。

（4）删除第 i 个结点使原来第 i+1~n 个结点依次向前移，变成第 i，i+1，…，n-1 个结点。

（5）按结点某个数据项的值进行排序（升序或降序）。

（6）检索具有特定值的结点。

顺序线性表的处理比较容易，也能充分利用存储空间，遗憾的是在这种结构中插入一个新的结点和删除一个旧的结点都较困难，因为这两种操作都要移动表中大部分结点。

三、栈和队

一个一般形式的顺序线性表，允许在表中的任何位置删除和追加结点，但是有两种特殊的顺序线性表，其删除和追加结点的操作只允许在表的某一端进行，这两种特殊的表分别称作栈和队。下面我们来讨论栈和队的概念及其操作。

（一）栈

只允许在表的一端进行删除和追加结点操作的特殊线性表称为堆栈，简称栈由于栈的定义，使栈中结点的存取符合后进先出的原则（LIFO），即先进入的结点后取出，或后进入的结点先取出。在现实生活中，栈的实例很多，例如冲锋枪的弹仓，它只有一个开口，装入子弹和发射子弹只能在开口端进行，当往里压入子弹时，一个接一个往下压，当发射子弹时，子弹从顶部开始一个接一个地发射。从整个过程看，最先压入的子弹最后发射出去，而最后一个压入的子弹最先发射，这就是后进先出。

栈中能删除和追加结点的一端称为栈顶，另一端称为栈底，如图4-2-4所示。根据栈底是否固定，栈分两种。一种栈的底部是可动的，顶部位置保持不变，

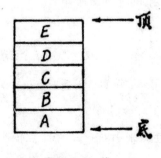

图4-2-4　栈

向栈里追加结点，原来的结点连同栈底线性地下推，删除结点时，又线性地上托。另一种是栈的底部固定，顶部位置可动，在铁路调头系统中，车辆进出支线的过程就属这种栈的情形。使用更为广泛的是这种底端固定的栈。

往栈中追加结点通常称作压入（PUSH），从栈中取出结点通常称作弹出（POP）。在计算机数据处理中，总是借助数组将栈结构存于内存的连续区域内，另设一个指针项指出栈顶结点的位置，每次追加和删除结点都要改变指针的值（移动指针）。由数组（即内存）容量的有限性，使得栈也是一个有限的结构，当栈中结点已占满栈空间时，再追加结点就发生栈满上溢，反之当栈中无结点还要作删除操作时就发生栈空下溢。

对栈的基本操作有：

（1）建立一个空栈。

（2）把给定的结点压入栈中。

（3）弹出栈顶结点。

在栈上间或进行结点的追加和删除操作使栈中的结点动态地变化着，但指针总是指向栈顶结点，其操作过程如图 4-2-5 所示。

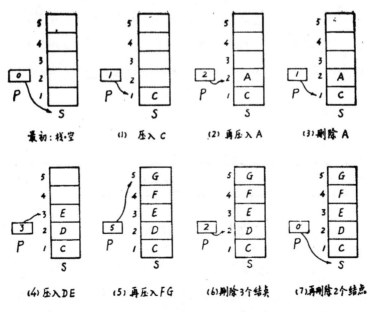

图 4-2-5　栈的操作过程图示

从图 4-2-5 可以看出，将结点压入栈时它是"真正"进栈了，但当从栈中删除结点时，却是一种"假"删除，事实上结点的值仍然在栈中，只是指针的值发生变化而已。

在一个应用程序中，可能会同时用到几个栈，这就很可能出现下述情况，一个栈已经溢出，而另几个栈才开始存放。同时使用两个以上栈时解决这种疏密不均的可行办法是：按两个栈分成一组，把两个栈顶对接起来，如图 4-2-6 所示，第一个栈向右延伸，第二个栈向左延伸，这时只有在两个栈的内存空间全满时才发生上溢。

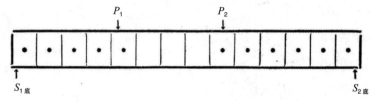

图 4-2-6　两栈对接的分配形式

（二）队

一个顺序线性表结构，如果只允许在它的一端追加结点，而在另一端删除结点，那么这个顺序线性表称为队列，简称队。由队的定义，队中结点的存取按先进先出（FIFO）的原则进行。如图 4-2-7 所示，追加结点在队列的左侧，删除结点在队列的右侧进行。我们把追加结点端称为队的"尾部"，把删除结点端称为队的"首部"，

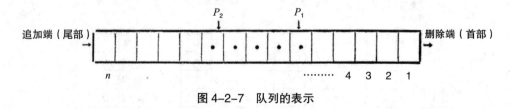

图 4-2-7　队列的表示

队列的情形在日常生活中司空见惯，如排队接受服务的现象都属队列形式，恐怕这种结构的名字也是由此而得。队列结构不论在系统软件还是在应用软件中，使用也都十分广泛，它的先进先出原则很合情理，特别是像企业日常事物处理和

现金支付，一般都应该排成"队"，先来先处理，或先来先支付。计算机的分时系统也是这样，因为一个典型的计算机系统只有一个 CPU，某一时刻它只能为一个用户程序服务，接着给另一个用户服务，连续不断，循环进行。

和栈一样，队列也只能执行下列三种操作：

（1）建立一个空队。

（2）向队中追加一个结点。

（3）从队中删除一个结点。

队列的一个特殊形式是循环队列，如图 4-2-8 所示。循环队列的优点是当队中第 n 个单元已满再追加结点时，由于删除操作的执行，可能队的首部空间是空闲的，那么追加结点可向前（队首）继续延伸，实现追加。因此队的空间事实上已成为一个没有首尾的环，队中只要有一个空闲单元，就不会产生队满上溢。实际应用中，大量使用的就是这种环状队结构。

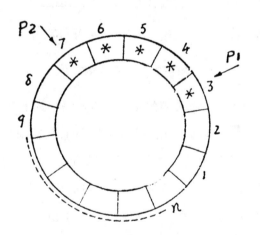

图 4-2-8　循环队的表现形式

四、链表

除顺序线性表外，在数据处理系统中链表是应用最广的一种结构，因此它也是一种很重要的数据结构。

表中各结点之间的逻辑邻接关系，靠每个结点增加的指针来表示的线性表称为链式线性表，简称链表。如果每一个结点是一个记录，则整个链表就是一个链形文件。链形文件的应用极其广泛，下面我们先研究链表的一般形式及处理方式。

根据链表中指针使用情况的不同，链表有三种形式：单向链表、双向链表和循环链表。

（一）单向链表

单向链表的每一个结点都是由两个域组成，值域和链域。值域可能是一个数据，也可能是多个数据，但究竟是几个数据以及数据的值如何，均不影响我们对其结构的讨论，因此权且把它看成一个不可分的整体；链域的值总是与本结点具有一定逻辑关系的下一个结点的首地址。如果用箭头表示链域的值，单向链表就是若干上述结点用指针连接起来的一张表。如图 4-2-9 所示。

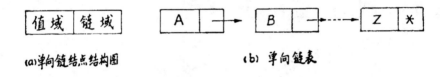

图 4-2-9　单向链表结构

因结点中指针的作用，链表中的每一结点不需物理上邻接，正是这个特性，链表往往离散存放，因而能够充分利用那些零星的存储区域，即使逻辑上在前的结点存于地址号较大的单元或逻辑上在后的结点存于地址号较小的单元也不要紧，在逻辑上它们总是相连而有序的。由此可以看出，指针的使用可以使数据的逻辑结构与其物理结构完全分开，即物理存储上的无序结点集，通过其各自的指针，便能形成逻辑上有序的结点集。

在链表上进行的基本操作有：

（1）立可用空闲链表。

（2）在第 i 个和第 $i+1$ 个结点之间插入一个结点。

（3）删除第 i 个结点。

（4）检索具有特定值的结点。

（5）访问一个结点。

（二）双向链表

双向链表的每一个结点都有两个链域，即前向链域和后向链域。

其中，前向链域的值是逻辑上前一个（前趋）结点的地址，而后向链域的值是逻辑上后一个（后继）结点的地址，这种结点组成的链式线性表称双链式线性表，简称双向链表。如图 4-2-10 所示。

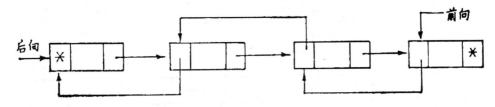

图 4-2-10 双向链表示意图

虽然双向链表中的每一个结点增加了一个指针域而占用了更多的存贮空间，但是，这种空间的损失却换来了双向链表上操作的高效率。例如对链中的每一个结点我们都能知道它的前趋结点和后继结点的地址，因而可以进行链的前向操作，也可以进行后向操作。此外，当我们对双向链作删除操作时，只要知道被删除结点的地址，就能将其删除。

在单向链表上做删除操作，若不知前趋结点的地址是无法进行的，因为删除某结点旳需修改其前趋结点的指针值。

（三）循环链表

所谓循环链表是链中最后一个结点的指针域不再是链尾标志，而是链中第一个结点的地址 T，于是整个链表形成了一个链环。把这种链环称为循环链表。

显然，循环链表中已经没有什么链头链尾标志，因而不必设置链头指针，只要给定链中任何结点的地址，通过它就能访问链表中所有其他结点。见图 4-2-11。

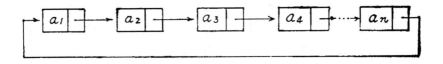

图 4-2-11 循环列表示意图

循环链表进行处理，可以从表中的任何结点开始，处理谜中的每一个结点，但为避免无穷循环，在这些操作中必须考虑到处理过程所要求的停止点，这是因为在循环链中无结束点的原因。一般在每次处理时，可以在链中引入一个特殊的标志结点，用它在链中指示一个结束位置。一般把这个标志结点放在开始结点的后面。如图 4-2-12 所示。

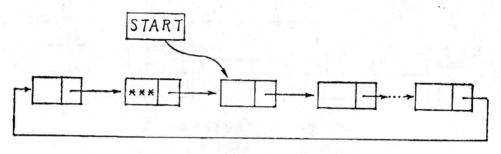

图 4-2-12　有结束标志结点的循环链表

标志结点的值域可存放一些特定字符，每次处理完毕，再将这个结点从链中删除，下次再从某个结点开始对链操作时，再加进这个标志结点。

循环链表上的基本操作及处理方式与单向链表基本类似，我们不再赘述。

五、树

（一）树与二枝树

表、栈、队等都属于线性结构。而在数据处理中有许多问题以非线性结构来表示更容易理解和处理，树结构就是非线性结构中的重要一类，它可以明确反映出结点间的层次关系。例如，一本书的目录，它在一个书名下包括若干章，每一章中又包含若干节、段。又如，中央、省、市、县行政机构的设置，都是具有层次关系的非线性体系，它们类似一棵倒长的树，因此我们把这种形式的数据结构称为树。

树是一个或多个结点的有限集 T，其中：（1）有一个特定的结点称为根；（2）其余的结点被分成 m（$m>0$）个互不相交的子集 T_1，T_2，$\cdots$，T_m，其中每一个子集本身又是一棵树，并称树 T_1，T_2，$\cdots$，T_m 是树 T 的子树。如图 4-2-13 所示。

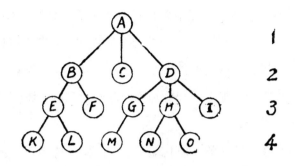

图 4-2-13　树的示意图

可见树是递归定义的，如图 4-2-13 可以看出这是一个有 14 个结点的树，其中 A 是根，它有三个子树，其根分别是 B、C、D，B 又有两个子树，根分别是 E 和 F，F 是只有一个根结点的树。可见树中的每一个结点都是包含在这棵树中的某一子树的根。

树中一个结点具有子树的个数称为结点的度，如图 4-2-13 中结点 A 的度是 3，B 的度是 2，C 的度是 0，而度为 0 的结点称为树的终止结点或树叶。图 4-2-13 中结点 K、L、F、C、M、N、O、I 都是叶结点。树的度是此树内各结点的度的最大数。

在树中结点的层次关系是这样确定的：根为第一层，紧连根的结点为第二层，中间只经一个结点到达根的结点为第三层……树中结点的最大层次称为树的深度或高度，如图 4-2-13 中的树共 4 层，其深度为 4。

在树中，我们主要关心的是结点的层次方位，而不考虑同一层次的子树的排列顺序。树结构中标准术语很像家谱中的直系图，每一个根是它的子树的根的父亲，这些子树根之间互相称之为兄弟，并且它们都是其父亲的孩子。

树上定义的主要操作有：

（1）访问树中任意一个结点。

（2）插入一个新结点。

（3）删除一个结点。

（4）产生树的各个结点的一个线性次序（穿越）。

以上我们介绍了一般树的基本概念和术语，其实树中最为重要而且常用的类型是二枝树，它的特点是每个结点最多只有两个孩子（即树中不存在度数大于 2 的结点），并且二枝树的两棵子树有左右之分，其次序不得任意颠倒。

二枝树又叫二叉树，严格说来，二叉树是 n（$n \geq 0$）个结点的有限集，此集或是空的或是由一个根结点加上两棵分别称为左子树和右子树的互不相交的二叉树组成。

虽然二叉树也是递归定义的，但它却不是一般树的特例，一是二叉树可以是空树，二是它的两棵子树有左右之分。其他有关树的术语对二叉树也完全适用。图 4-2-14 是二叉树的五种基本形态。

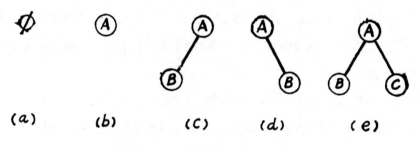

图 4-2-14　二叉树的五种基本形态

二叉树具有许多重要特性，也有多种类型。下面仅介绍它的几个特性。

（1）二叉树的第 i 层上的结点数最多为 2^{i-1}，$i \geq 1$。

（2）深度为 K 的二叉树的结点总数最多为 2^K-1，$K \geq 1$。

在计算机中，实现树上各种操作的处理一般都用链来表示树。每不结点除了一个值域外还要有与其度数相等的链域。由于一棵一般树各结点的度不尽相同，因而会出现不定长的链结点，于是处理算法也会变每异常复杂。如果都取树的度作为每个结点链域的个数，会使处理算法简化，但这样会浪费大量内存空间。因此人们总是将树转换成二叉树，因为二叉树每个结点只需两个指针域，可以大大节省存贮空间，简化操作算法。

（二）二叉树的存储

如前所述，一棵完全二叉树可以存于一维数组中，通过一定的算法，可以很容易地确定某一个结点的位置，但这种方法在树中增加或删除一个结点时需要移动其他结点，况且有时二叉树也不一定是完全二叉树，因此确定结点位置就更难了。为减少结点的移动，而且更容易地确定一般二叉树中结点的位置，常采用链表形式存储二叉树。这样二叉树中的每一个结点至少要有三个字段，其中两个为指针字段，分别用于指出该结点左右子树的存储地址。其他字段为信息部分，用于保存该结点的信息。

（三）树的二叉树表示

任何一棵多枝树都可以转换成一棵二叉树。直观来讲，将多枝树转换成二叉树的方法是：（1）在兄弟结点之间加一条线；（2）对于每一个结点除了最左边的孩子外，抹掉该结点与其余孩子之间的连线；（3）以树的根结点为轴，将整棵树旋转 45°。这样从图形上看原来的多枝树就变成了二叉树，这个方法的实质可以用一句通俗的话来概括，即左链连后继，右链连兄弟。

（四）二叉树上的操作

现在我们来讨论二叉树上的操作。二叉树上的操作内容包括：

（1）对特定值的结点的检索。

（2）往树中插入一个结点。

（3）按次序穿越结点。

（4）删除树中的一个结点。

二叉树中最为常用的是有序二叉树。所谓有序二叉树，即树中任何一个结点的值都大于（或小于）其左子树中每一个结点的值，小于（或大于）其右子树中每一个结点的值。

有序二叉树的应用极为广泛，特别是排序和检索操作有时采用有序二叉树结构效果更佳，它的"值小向左转，值大向右转"的原则对查找工作特别方便，因此人们又把它称为查找两分树。

六、字符串

（一）一般概念

几乎在每一个数据处理系统的设计中都离不开字符串的处理，它是应用最为普遍的一种数据结构。尤其近几年国内汉字的使用大多以串的形式出现，因此掌握字符串的结构形式及其处理方式就更加重要。

字符串是由单引号或双引号括起来的一个计算机允许的字符（包括汉字）的有序集。记为'$X_1X_2\cdots\cdots X_n$'或"$X_1X_2\cdots\cdots X_n$"，其中 n 为字符串的长度，即字符串中字符的个数。$n=0$ 则此字符串为空串。一个字符串如果完全包含在另一个串之内，则称这个串为另一个串的子串。例如："B25" "A=B25" "？ =!" "128" "3/4" "中国"都是字符串，而"B25"是"A=B25"的子串。

上述字符串称为字符串常量，简称串常量，它可像数值常量一样，赋给一个变量，该变量称为字符串变量，简称串变量。例如：LET A\$= "ABCD"这是在 BASIC 语言中将串常量"ABCD"赋给串变量入 \$ 的语句，A\$ 为串变量名。BASIC 语言里串变量名一般都用以作后缀的字符序列表示。

串常量中的引号本身并不是串的一部分，它只是串的标志，以免同其他量混淆。

（二）串的存储结构

串中的每一个字符，在计算机内存中都以其机内码存储的，一般采用字符的 ASCII 码，每个字符占内存的一个字节，例如，"D"的存储代码是 01000100，"M"的存储代码是 01001101，"+"的存储代码是 00101011。

对于整个串的存储形式有多种，譬如：顺序方式存储、链表方式存储等，顺序方式中又有紧缩格式存储和非紧缩格式存储等。这些都由操作系统的设计所决定，我们不作深入讨论。

（三）字符空运算及处理方式

串上的基本运算有下列几种：

（1）联接。

（2）求子串。

（3）求串的长度。

（4）确定子串在声中的起始位置。

（5）子串替代。

在绝大多数程序设计语言中都提供了上述五种处理操作的实现方式。

七、记录结构

一批数据存放在外存上，我们就把它称为文件。文件中的数据不是杂乱的，而是分成若干个记录，那么什么是记录呢？

记录是与一个公共标志有关的若干数据项的集合。其中数据项是基本的不可再分的数据单位，公共标志也是一个数据项，其值可用来标识一个记录，因此称为主键，在一个记录中，主键外的数据项称为辅助键，主键或主键与辅助键的组合能唯一地标识一个记录时，则把它们称为鉴别键。

记录又有型和值之分，所谓记录的型就是记录结构，是对记录结构所做的定义。它包括各数据项的名称、类型、客数据项的长度及各数据项的排列顺序。例如：人事档案文件中的记录型如表4-2-1。

表4-2-1　人事档案文件记录型

姓名	性别	出生年月	婚否	工作单位	职务	工资	其他
A	A	N	A	A	A	N	A
16	2	4	2	20	10	4	30

表中"姓名"项是公共标志，为主键，其他各数据项都是根据公共标志——姓名也即人设置的，都是与人有关的各个属性。因为人有同名，所以姓名不能唯一标识一个记录。但姓名和性别或姓名和单位组合起来可能唯一地标识记录，于是每种组合都可以称为鉴别键。例："张立""男"和"张立""女"，可区别不同的两个人；"李华""中文系"和"李华""计算机系"也可以区别不同的两个人。由于用几个数据项的组合作为鉴别键来唯一地标识一个记录，处理比较麻烦，于是人们往往给公共标志另外附加一个数据项，如上例增加一个职工号，每人有一个职工号，而且是独立的，它能唯一地标识一个记录，因此可把职工号作为鉴别键。

所谓记录的值，是指记录中各数据项所取的具体值的集合。

通常所说的记录和文件中实际存储的记录都是指它的值而不是它的型。但记录型确有相当重要的意义，它直接影响和决定文件处理程序的编制及其结构。

记录型规定了记录中数据项的个数，各数据项的类型（文字型和数值型），各数据项的长度和各数据项的排列顺序。文件设计的基本工作是记录型的设计，记录型设计好后，才能按型的要求填写各记录的值，首先要看数据项是文字型还是数值型，以决定数据项值的表示形式，其次还要看它的长度，例如，性别项必须写成文字型，尽管"man"和"男"都能表示男性，但由于该项长度是 2，所以只好选择"男"。又如工资是数值项，填"八十九"是不允许的。另外数据项的排列顺序也很重要，我们不能认为两个数据项调换位置后得到的记录与原记录是同一个记录。

记录型在其处理程序中表现出来。

最后还要明确两个概念：排序键和检索键。

根据记录中某数据项的值对记录进行排序，该数据项就是排序键，排序键可以是主键，也可以是辅助键。

在记录的某数据项上提出查询条件进行记录的检索，该数据项就是检索键。

第五章　计算机数据处理技术

本章主要讲述计算机数据处理的相关技术，从四个方面展开了叙述，分别是程序设计技术、数据排序、数据查找与检索以及数据处理系统开发。

第一节　程序设计技术

一、分支

电子计算机之所以具有分析问题和判断问题的能力，在很大程度上是基于程序设计语言中提供的判断指令（条件语句）。在数据处理系统的程序设计中，往往要求计算机对问题的不同情况做出正确的判断，然后根据判断的结果进行不同的处理，这在程序的流向上便产生了分支，我们把具有分支流向的程序称为分支程序。分支程序的结构分为简单分支、多分支和多重分支结构。

（一）简单分支结构

图 5-1-1 是简单分支结构的两种情况。简单分支是对问题的判断只有两种结果，根据两种结果采取两种不同的处理。因此简单分支结构是只有两个流向的分支结构。

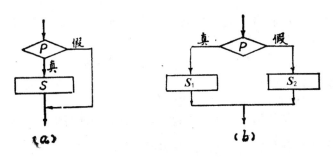

图 5-1-1　简单分支结构

图中 P 是描述问题两种情况的逻辑式或关系式，又称判断条件。逻辑式或关系式具有真假两个逻辑值，以此决定程序流向的分支，S、S_1 与 S_2 是处理过程。

（二）多分支结构

有时，一个问题有多种情况，因此根据不同的情况就有多种不同的处理方式，对该问题当前情况的判断和处理表现在程序上就是一次判断有多个流向，这就是多分支的情况。

如图 5-1-2 所示。

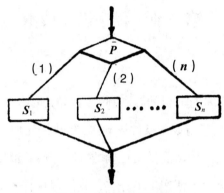

图 5-1-2　多分支结构

图中 P 是一个数值表达式，一般情况下它的值是 1，2，…，n 之间的整数，由它的当前值决定程序流向，S_1，S_2，…，S_n 是相应的处理过程。在许多高级语言里有专门实现多分支的语句，如 BASIC 语言的开关语句。设计多分支程序的关键是根据问题的各种情况构造一个数值函数使得每种情况的 x 与一个函数值 y 相对应，而且 y 值是 1~n 的正整数。以 y 作为开关变量，就可以设计出多分支程序。

多分支结构用途较多，应用系统中功能选择菜单，就是多分支结构的具体应用。

（三）多重分支结构

如果选用的语言中没有多分支功能的语句，或即便有但构造实现多分支的函数有困难，这时可采用多重分支结构来实现。所谓多重分支结构是连续使用两个或两个以上简单分支结构的情形。

二、循环

（一）循环结构的循环控制问题

1. 通过控制变量控制循环

如果循环体执行次数已知，可拟定一个循环控制变量，通过该变量的计数以及与终值的比较来控制循环的继续或终止。循环控制变量不仅可以单纯地用于控制循环次数，还可以出现在循环体中参与应用问题的计算或处理。这时，它的初值、终值和步长值要结合实际问题的处理来拟定。

例如求 100 以内的偶数的平方和。

程序流程如图 5-1-3。

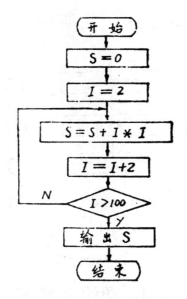

图 5-1-3　程序流程图

图中的 I 既是循环控制变量，又在循环体中作为各个偶数参加运算，可见它有两个作用。借用循环控制变量参加运算，有时致使它的初值、终值和步长值不是整数，因此循环体执行次数不够明显，这时可由下面的公式获知循环次数。

循环次数 = [（终值 − 初值）/ 步长值] +1

但要切记：在循环体中只能使用循环控制变量的值，而不能改变它的值，否则便不能正确地控制循环。

在数据处理系统的程序设计中，经常遇到需要多次重复一个运算或处理过程的情况。这里的重复我们称为循环，被重复的部分称为循环体，控制重复次数的部分称为循环控制。如图 5-1-4 所示。

显然，图 5-1-4 中①③④框是用于控制重复次数的循环控制部分，②是重复工作的执行体，称为循环体。循环控制的核心是在执行循环体之前，由初始化过程为循环控制变量赋一个初始值，每执行一次循环体由修改控制过程修改循环控制变量即加上一个步长值，然后，根据循环控制变量的当前值判断是否超出了预定值（终值），以决定是否继续重复执行循环体。其中用于修正循环控制变量的步长值，可以是正数，也可以是负数，如果步长值为正，循环控制变量的初值要小于预定的终值，若步长值为负则初值要大于预定的终值，步长值不能等于零。

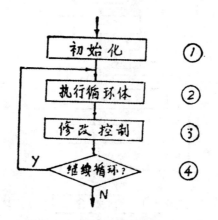

图 5-1-4　循环结构示意图

上述谈到的循环控制变量的初值、终值和步长值称为循环控制的三要素。设计循环程序的关键就是正确地确定循环控制三要素。下面我们来讨论循环控制问题。

2. 通过问题提供的实际条件控制循环

在程序设计中，有些问题的处理确实需要循环，但事先却不知道循环的次数，譬如数值计算中的迭代问题就属这一类，因此不能确定循环的三要素，对于这类问题，设计循环程序有两种办法。一种是可以选择一个充分大或充分小的终值，使循环控制变量的值不能在正常终止问题的处理前超出这个终值，然后在循环体里判断循环是否终止，若问题处理结束，则终止循环。第二种办法是直接用问题提供的条件控制循环。

3. 通过逻辑尺控制循环

在程序设计中，还可能遇到这种情况，例如：在一个问题的处理中，需执行过程 F_1 和过程 F_2 共 10 次，它们的计算顺序和计算次数是：F_1 执行 2 次，F_2 执行 1 次，F_1 执行 1 次，F_2 执行 2 次，F_1 执行 3 次，F_2 执行 1 次。如果将这个问题的处理编成循环程序，除了知道它们总的循环次数为 10 次外，还必须确定一个标志，才能判断每次究竟执行哪个过程，这就是说每次执行的循环体查变化。解决这类循环结构，可在循环体里增设控制部分，具体做法是：设一个一维数组 L（1：10），并设执行 F_1 的标为 1，执行 F_2 的标志为 2，然后按执行顺序分别将 1 和 2 存放在 L 的相应单元里，在执行前先判断 $L（I）$ 是 1 还是 2，以决定执行 F_1 还是 F_2。如图 5-1-5 所示。

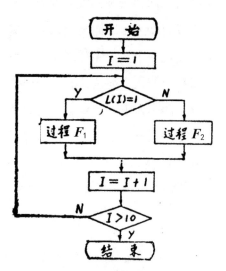

图 5-1-5　程序流程图

本例中 L 的内容已经不是一般用于计算的数值，而是用于判断是执行 F_1 还是 F2 的标志，L 起着一把特殊"尺"的作用，我们把它称为逻辑尺。用逻辑尺控制多个循环体的选择非常方便，因此是常用的一种方法。

（二）循环结构的多重循环问题

上述讨论的循环结构，是单重循环结构，即在循环体里都是一些简单的语句序列，而不再有循环，其实循环体里还可以有循环，形成循环嵌套，这种循环嵌套结构称为多重循环。在实际应用中有些问题必须采用多重循环来处理。

采用循环结构可以大大简化程序设计，增强程序性能，充分体现程序设计的模块化和结构化，因此掌握循环结构的设计技巧，是编出优质程序的重要保证。

三、内存覆盖技术

计算机的内存储器是一个有限的存储空间，对于一个大的程序，如果只能在全部调入内存之后才能运行，有时就根本无法实现。内存覆盖技术就是为了解决大程序与内存空间发生矛盾时的运行问题。

一个程序不管有多大，在运行中的某一时刻，一般只能执行其中的一条指令，因此似乎可以在内存中只装入一两条指令，以节省大量的内存空间，解决上述矛盾。然而这种方法必使指令反复调入，因而大大降低了运行速度，谁也不会采用这种方法。通常采用的办法是把一个大程序分割成由适当数量的指令组成的非同时执行的若干个程序块，每次只调入当前运行的一个程序块，当一个程序块运行完毕之后，自动在同一内存空间引入下一个要运行的程序块继续执行，如此交替进行下去，直到最后一个程序块运行完毕，这样整个程序也就运行完了。这种运行程序的办法就是内存覆盖技术。

内存覆盖技术一般采用两种方法：全覆盖法和链接覆盖法。

（一）全覆盖法

这种方法的特点是当一个程序块运行完毕后就自动引入下一个，并且执行它，与此同时，前面的程序块在内存建立的数据区也被清除，也就是新程序块和它的数据区完全覆盖了原来的内容。全覆盖的方法使前后程序块失去了信息联系，如果两块程序必须进行这种联系，就要借助磁盘文件来实现。

（二）链接覆盖法

链接覆盖法是用新的程序块取代内存中原来的部分程序块，并且由保留下来的原来的程序块调入新引入的程序块。这种方法可以实现新老程序的链接，而且数据区不被破坏，程序间的信息联系得以保存。

链接覆盖法比较灵活、方便，是大型应用程序系统经常使用的一种方法。全覆盖法在程序块间没有过多的数据联系时也很方便，它的优点是可以变换数据区的大小，在需要改变数据的内存分布时，用全覆盖法比较合适。

第二节　数据排序

一、内部排序

（一）插入排序法

插入排序法称直接插入排序，其基本思想是：若待排序的键值序列为：k_1，k_2，$\cdots$，k_n，用插入排序法将其排序，是从第二键值开始，把其后的每一个键值都与它前面已经排好序的键值依次进行比较，必要时移动位置，直到将它插入到适当的位置为止。其过程请看图 5-2-1。

遍	键序号:	1	2	3	4	5	6	7	8	9	10
1	键 值:	7	23	27	19	5	46	21	15	43	9
1		7	23	27	19	5	46	21	15	43	9
2		7	23	27	19	5	46	21	15	43	9
3		7	19	23	27	5	46	21	15	43	9
4		5	7	19	23	27	46	21	15	43	9
5		5	7	19	23	27	46	21	15	43	9
6		5	7	19	21	23	27	46	15	43	9
7		5	7	15	19	21	23	27	46	43	3
8		5	7	5	19	21	23	27	43	43	9
9		5	7	9	15	19	21	23	27	43	46

图 5-2-1　插入排序示例

（二）冒泡排序法

冒泡排序法又叫上推排序法。所谓"冒泡"就是各次扫描时通过比较、交换把待排键值序列中的最小者推至一端，直至所有键值不需移动为止。这种方法好像水中的气泡一个一个往上冒，因此得名冒泡排序。

冒泡排序法的基本思想是：设待排序键值序列为 k_1，k_2，…，k_n，先将 k_n 和 k_{n-1} 比较，不符合增序则交换，然后再将 k_{n-1} 与 k_{n-2} 进行比较，不符合增序也交换，……，直至 k_2 和 k_1 相比较，第一遍扫描结果使次最小键值推至 k_2，再进行第二遍扫描，还是从 k_n 和 k_{n-1} 开始比较，必要时交换，直至 k_3 和 k_2 进行比较，其结果使次最小键推至 k_2；以此进行，直至第 $n-1$ 遍扫描时，只进行 k_n 和 k_{n-1} 的比较，排序即告完成，其过程请见图 5-2-2。

遍	键序号：	1	2	3	4	5	6	7	8	9	10
0	键 植：	7	23	27	19	5	46	21	15	43	9
1			5	〔7	23	27	19	9	46	21	15	43〕
2			5	7	〔9	23	27	19	15	46	21	43〕
3			5	7	9	〔15	23	27	19	21	45	43〕
4			5	7	9	15	〔19	23	27	21	43	46〕
5			5	7	9	15	19	〔21	23	27	43	46〕
6			5	7	9	15	19	21	〔23	27	43	46〕
7			5	7	9	15	19	21	23	〔27	43	46〕
8			5	7	9	15	19	21	23	27	〔43	46〕
9			5	7	9	15	19	21	23	27	43	〔46〕

图 5-2-2　冒泡排序法实例

冒泡排序法在各种排序法中其效率是比较低的，只因编程容易，故仍广为应用。冒泡排序法的最大优点是只占用一个用于交换的额外存储单元。

（三）延迟交换排序法

延迟交换排序法又称延迟选择排序法。其基本思想是：若对 n 个键值的序列 k_1，k_2，…，k_n 进行延迟交换排序，首先选出 k_1，k_2，…，k_n 中的最小者与 k_1 交换，再从 k_1，k_2，…，k_n 中选出最小者与 k_2 交换，……，直至从 k_{n-1} 和 k_n 中选出最小者与 k_{n-1} 交换。显然本算法要进行 $n-1$ 次选择，每次选择只进行一次交换或不交换（当选出的最小者与其交换对象是同一个键值时）。可见它的效率明显高于冒泡排序法。其排序过程见图 5-2-3。

遍	键序号:	1	2	3	4	5	6	7	8	9	10
0	键值:	〔7	23	27	19	5	46	21	15	43	9〕
1		5	〔23	27	19	7	46	21	15	43	9〕
2		5	7	〔27	19	23	46	21	15	43	9〕
3		5	7	9	〔19	23	46	21	15	43	27〕
4		5	7	9	15	〔23	46	21	19	43	27〕
5		5	7	9	15	19	〔46	21	23	43	27〕
6		5	7	9	15	19	12	〔46	23	43	27〕
7		5	7	9	15	19	21	23	〔46	43	27〕
8		5	7	9	15	19	21	23	27	〔43	46〕
9		5	7	9	15	19	21	23	27	43	46

图 5-2-3　延迟交换排序示例

（四）希尔排序法

希尔排序法是在 1959 年提出的对插入排序法的一个改进算法，该算法又称为减少增量排序法。图 5-2-4 说明了这种算法的基本思想，首先把 10 个键值分成 5 组，两两一组，即 (k_1, k_6)，(k_2, k_7)，…，(k_5, k_{10})。分别对每组键值进行插入排序，然后进到第二行，这称为"第一次扫描"。注意：27，23 都跳到了右边。现在把这些键值分成 2 组，每 5 个一组，即 $(k_1, k_3, k_5, k_7, k_9)$ 和 $(k_2, k_4, k_6, k_8, k_{10})$，并再次分别对每组进行插入排序，这"第二遍扫描"使我们进到了第三行，然后将全部键值作为一组，对所有 10 个键值进行插入排序，来完成整个排序过程。每一遍扫描，一是处理较短的键值序列，二是处理相当有序的键值序列，因此使用直接插入方法，全部键值势必快速地归位到它们的最终目标。

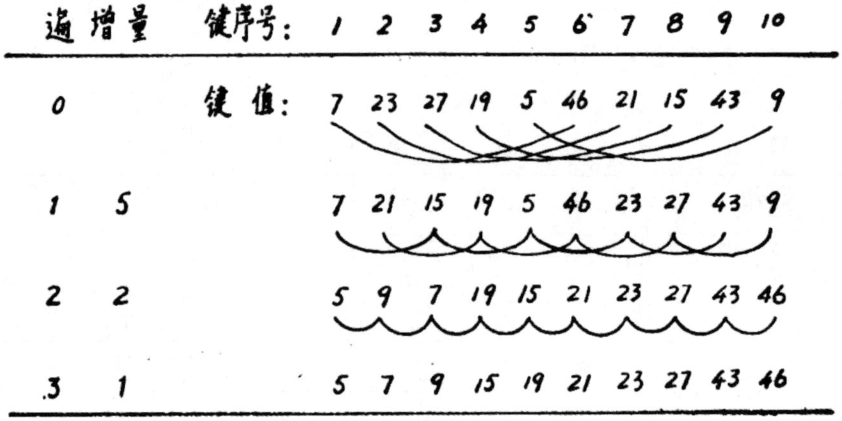

图 5-2-4 减少增量排序示例

图 5-2-4 中增量（同组相邻键值的间隔）5，2，1 的序列不是一成不变的，原则上任何序列 P_i，P_{i-1}，…，P_1 都可以使用，只是最后一个增量 $P_1=1$ 就行。

还有一种希尔排序的改进型算法，该算法在每取一个间隔（增量）P 的扫描过程中不用直接插入排序法，而是采用冒泡法，即凡相隔为 P 的相邻键值两两进行比较，必要时进行交换，直至序列中凡相隔为 P 的键值都符合增序，本次扫描结束，再取下一个 P，并重复上述过程，直至 $P=1$ 的扫描处理结束，整个排序遂告完成。

（五）堆排序法

堆的定义：集合 $\{k_1, k_2, …, k_n\}$，对所有的 $n=1, 2……, n/2$，有 $k_i \geq k_{2i}$，以及 $k_i \geq k_{2i+1}$。

满足上面定义的完全二叉树的结点集合称为堆。堆是一棵二叉树，这棵二叉树的每一个子树的根结点的值都大于或等于两个叶（如果存在）结点的值，这是堆的基本特性。堆又是一个完全二叉树，完全二叉树可以存于一维数组中，每一个结点不用指针字段，而通过对数组下标的计算即可确定树中任何子树的根（父结点）与其叶（子女结点）的关系，即 $D(2i)$ 和 $D(2i+1)$ 是 $D(i)$ 的子女，$i=1, 2, …, [N/2]$。有了这个关系，现在我们来研究 N 个键值序列的建堆问题，首先把这 N 个结点依次存入数组 $D(N)$ 中，暂且把 $D(N)$ 看作一棵完全二叉树，但这时的二叉树是一般完全二叉树，父结点与子女结点之间并无统一的大小次序关系，如果通过调整能够使得此树中任何父结点都大于或等于子女结点的话，那么此完全二叉树就是一个堆了。

堆排序的基本思想是：若待排序的键值序列在数组 D 中，先用建堆算法将 D 建成堆，此时 $D(1)$ 为堆尖，由堆的特性，$D(1)$ 为键值序列中的最大者，交换 $D(1)$ 和 $D(N)$，使最大者置于 D 的最后，这时也将堆应坏了，为继续排序，再将 $D(1)$，$D(2)$，…，$D(N-1)$ 建成堆，此后 $D(1)$ 是整个键值序列中的次最大者，交换 $D(1)$ 和 $D(N-1)$，使次最大者置于 $D(N-1)$ 中，重复上述建堆，交换两个步骤，直至最后 $D(1)$ 和 $D(2)$ 相交换，则整个序列实现排序。见图5-2-5。

遍	键序号：	1	2	3	4	5	6	7	8	9	10
	键值：	7	23	27	19	5	46	21	15	43	9
建堆		46	43	27	23	9	7	21	15	19	5
1		43	23	21	19	9	7	21	15	5	46
2		27	23	21	19	9	7	5	15	43	46
3		23	19	21	15	9	7	5	27	43	46
4		21	19	7	15	9	5	23	27	43	46
5		19	15	7	5	9	21	23	27	43	46
6		15	9	7	5	19	21	23	27	43	46
7		9	5	7	15	19	21	23	27	43	46
8		7	5	9	15	19	21	23	27	43	46
9		5	7	9	15	19	21	23	27	43	46

图5-2-5 堆排序示例

（六）快速排序法

这种排序算法较之其他排序算法所用的时间都少，目前它是速度最快的内部排序算法，因此而得名。

在冒泡排序法中，每一次比较之后某个键值最多交换一个位置。这样，如果原来某键值位于无序键值序列的一个很不适当的位置的话，那么为了把它安放到恰当的位置，将要进行多次比较和移动。快速排序算法则不是这样，它可以使无序键值在正确的方向上移很多位，因而减少了比较、移动次数，提高了排序速度。

快速排序算法的基本思想是：如果待排序键值序列为：k_1，k_2，…，k_n

第一遍：

（1）用 k_1 与右端的 k_n，k_{n-1}，…逐一比较，一旦出现 $k_1>k_j$（$j=n$，$n-1$，…，2），则交换 k_1 和 k_j 的位置。

（2）再将 k_1 与前面的 k_2，k_3…逐一比较，一旦出现 $k_1<k_r$，$r=2$，3，…则交换 k_1 与 k_r 的位置。

此后重复（1）、（2）两个步骤，最后总能使 k_1 的位置固定下来。此时凡大于 k_1 的键值都在它之后，凡小于它的键值均在它之前，与 k_1 相等的键值可以在它的任意一侧。即把原键值序列以 k_1 为界划分成两个子序列 S_1 和 S_2，k_1 所在位置就是它将来在有序序列中应占有的位置，可见 k_1 与 S_1 和 S_2 有下列关系：

Max k in S_1 ≤ k_1 ≤ min k in S_2

第二遍：

还是用同样的方法对 S_1 或 S_2 进行划分（排序），若先排 S_1，则需用一个后进先出栈来记忆 S_2 的起止地址，以备处理完 S_1 再处理 S_2 时恢复地址。对 S_1 的处理还将分成两个子序列 S_{11}，S_{12}，然后处理其一，将另一个的起止地址送进栈，按此法进行下去，直至当前处理的子序列已完全有序，再从栈中取出待处理的子序列的起止地址，再按上述方法逐一排序，当栈中已无待处理子序列的起止地址时，整个序列已经排好了序。由此可见，快速排序的实质是化大为小，分而治之，这一过程见图 5-2-6。

遍	键序号	1	2	3	4	5	6	7	8	9	10	11	12	13	14	15	16	栈
	键值序列	〔8	3	11	1	30	5	29	7	17	6	4	9	16	21	28	22〕	_____
1		〔4	3	6	1	7	5〕	8	〔29	17	30	11	9	16	21	28	22〕	(8, 16)
																		(4, 6)
2		〔1	3〕	4	〔6	7	5〕	8	〔29	17	30	11	9	16	21	28	22〕	(8, 16)
3		1	3	4	〔6	7	5〕	8	〔29	17	30	11	9	16	21	28	22〕	(8, 16)
4		1	3	4	5	6	7	8	〔29	17	30	11	9	16	21	28	22〕	(8, 16)
5		1	3	4	5	6	7	8	〔22	17	28	11	9	16	21〕	29	30	(8, 14)
6		1	3	4	5	6	7	8	〔21	17	16	11	9〕	22	28	29	30	(8, 12)
7		1	3	4	5	6	7	8	〔9	17	16	11〕	21	22	28	29	30	(8, 11)
8		1	3	4	5	6	7	8	9	〔17	16	11〕	21	22	28	29	30	(9, 11)
9		1	3	4	5	6	7	8	9	〔11	16〕	17	21	22	28	29	30	(9, 10)
10		1	3	4	5	6	7	8	9	11	16	17	21	22	28	29	30	

图 5-2-6 快速排序示例

二、外部排序

外部排序是当待排序的数据量超过内存所能容纳的数据量时必须借助外存来进行排序的算法。

外部排序与内部排序的方法截然不同，即使对同一个文件排成同一顺序也是如此。它是文件存取技术和内部排序技术的结合，在整个外部排序过程中，数据在内外存之间流动。

目前广泛采用的外部排序算法是归并排序技术，这种方法的排序过程分为两个阶段。第一阶段：根据内存允许使用的空间的大小将待排文件分成若干块，依次读进每一块进行内排序，形成若干个有序子文件，我们称为路段。第二阶段：通过内存对有序路段进行归并排序，归并可根据外存的性能（顺序的还是随机的）和数量采用两路或多路归并技术，最后得到一个有序的完整文件。

假定待排文件 FILE，含有 M 个记录 R_1，R_2，$\cdots$，R_m，为描述方便，每个记录只设一个数据，即排序键。内存可容 N 个记录。$N<M$。

初始 $i=1$

（1）顺序读 FILE 文件的 N 个记录进内存。

（2）用第 1 节介绍的快排序算法，将内存 N 个记录排序。

（3）将内存有序的 N 个记录写入暂存文件 $DATA_i$。

（4）若 FILE 空，则转（5），否则 $i=i+1$，转（1）。

经上述（1）～（4）有限次循环，使 FILE 被划分并排成 g（$g=[M/N]$）个有序文件，$DATA_1$，$DATA_2$，$\cdots$，$DATA_g$，我们称其为路段。$DATA_g$ 的记录数小于等于 N。

（5）在通道 1，2，g 分别打开文件 $DATA_1$，$DATA_2$，$\cdots$，$DATA_g$。

（6）在内存定义数组 $D(g)$ 和 $B(g)$，并将路段 $DATA_1$，$DATA_2$，$\cdots$，$DATA_g$ 的首记录分别读入 $D(1)$，$D(2)$，$\cdots$，$D(g)$，同时将各路段的路段号（所在通道号）送 $B(1)$，$B(2)$，$\cdots$，$B(g)$。

（7）调建堆算法将 D 数组中 g 个键值建成堆，此堆具有 $D(i) \leqslant D(2i)$

且 $D(i) \leq D(2i+1)$。$i=1$，2，…，$g/2$。在建堆过程中，需交换 $D(i)$ 和 $D(j)$ 时，也同时交换 $B(i)$ 和 $B(j)$，$i \leq j \leq g$，$1 \leq i \leq g$，以保持每一路段的键值在 D 中的位置与其所在通道号在 B 中的位置一致。

（8）将 $D(1)$ 顺序写入已排文件 FILE（当原文件不需保留时）。若 $B(1)$ 号路段空，则转（10），否则顺序读 $B(1)$ 号路段一个记录键值送 $D(1)$。

（9）调重建堆算法再将 D 数组整理成堆。需交换时，B 数组的相应元素也同步交换，转（8）。

（10）将 $D(g)$ 送 $D(1)$，$B(g)$ 送 $B(1)$，$g=g-1$（使堆缩小），若 $g=1$，则转（11），否则转（9）。

（11）将 $B(1)$ 号路段剩余记录依次转写到 FILE 文件中，排序工作结束，F 全部排成增序。

第三节　数据查找与检索

一、概述

信息的一切存储（存档）都是为了日后取用。计算机数据处理系统更是如此，在数据处理系统的设计中，大部分精力是放在数据的"存"与"取"的技术和方法上。本节要讨论的查找与检索就是研究如何"取"的问题，它是数据处理系统最基本也是最重要的操作之一。

查找与检索可以笼统地解释为：根据一个给定的条件到一组项目中找出符合条件的项目。其中一组项目可以是内存中某一数据结构，如表、栈、队和树等，此时每一个项目就是我们前面所说的结点，一组项目也可以是一个文件，这时每一个项目就是一个记录，和排序一样，如果对内存中的某一结构进行查找或检索，称为内部查找或检索，如果对文件进行查找或检索，则称为外部查找或检索。

上面我们对查找与检索做了统一而简单的说明。那么二者的内涵究竟是相同的还是不同的呢？是不是查找与检索就是指同一种操作呢？有待我们进一步认识和区分。对文件的查找与检索都是根据给定的条件到文件中查询满足该条件的记录，这是它们的共同点，正因为如此，国外统一把这一过程称作"Search"，国内未加区别地译成查找或检索。但详细加以分析，二者还是有所区别。因为给定的查询条件可以在记录的每一个属性上设置，也可以在记录的几个属性上同时设置。众所周知，文件的每一记录都有其鉴别键，而且各自相互独立，文件中各记录的值都具有唯一性，这种唯一性就是建立在鉴别键的唯一性上。记录中鉴别键以外的数据项（属性）值不具有唯一性。由于所给查询条件涉及的数据项的不同，导致查询具有两大类型。

第一类，给定的查询条件是记录的鉴别键，要求到文件中寻找与此鉴别键相同的记录。例如，到零件库存文件找零件号为 2082 的零件记录，此时寻找会有两种结果，即找到这个记录，查询成功，否则找不到这个记录，查询失败。如果在文件的某一点上查询成功，由于鉴别键的唯一性，查询工作即告完成，它后面的记录均不必扫描，只在查询失败时，其过程才可能扫描文件的全部记录。

第二类，给定的查询条件是建立在任何一个或多个属性上的一个说明，例如，从某大学学生注册文件中要求找出所有来自北京地区不是学数学和法律的二年级学生，或者找出所有未婚的研究生中的女生，等等。这种查询通常有下面三种形式：

（1）简单查询，它给出一个特定属性的一个特定值。例如，NATIVEPLACE$="河北"，DEP$="数学"。

（2）范围查询：它给出一个特定属性值的一个特定范围。例如：COST<$18.00，$19 \geqslant AGE \geqslant 32$。

（3）布尔查询：在每个属性上给出一个由布尔操作 AND，OR，NOT 相结合构的一个逻辑条件。例如：

SEX$="女" AND DEP$="外语" OR SEX$="男" AND DEP$="法律"。

不论上述哪种形式，查询结果都有成功和失败两种可能。但成功所获得的记录并不一定是唯一的，这是因为文件中鉴别键以外的属性值往往不是唯一的。因此第一次查询成功也不意味查询工作的结束，只有文件的全部记录被扫描，查询工作才告完成。

由于上述两大不同类型，所给定的条件与获得的结果也具不同的特征，而且采用的查询算法也极不相同。换言之，只有在弄清查询的类型才能选择适当的高效的算法。比如第一类查询对无序文件可用顺序法，对有序文件可用二分法和树形法；第二类查询一般只能用顺序法，或倒排文件技术。

当前，国内许多中文计算机科学出版物中，不分查询的类型，或者说成"查找"或者说成"检索"，但在一些经典专著和译著中已经有意地斟酌了这两个概念，把第一种类型说成查找，第二种类型说成检索。即根据记录鉴别键值找出唯一记录的过程为查找。根据记录任何属性值找出具有某些特征的所有记录的过程为检索。

二、查找

（一）简单顺序查找

顺序查找又称线性查找，是最基本最简单的查找方法。它不要求文件记录按序排列，其查找过程是，从头开始，顺序扫描文件的每一个记录，同时把给定的鉴别键值 K 与扫描到的记录的鉴别键值相比较，直至找到所要求的记录、查找成功或扫描了整个文件仍未找到、查找失败为止。

（1）缺点：查找效率较低，特别是当待查找集合中元素较多时，不推荐使用顺序查找。

（2）优点：算法简单而且使用面广。

（二）快速顺序查找

上述顺序查找算法中，每扫描一个记录不仅要比较查找键，而且要判断是否扫描完了整个文件，于是每扫描一个记录要进行两次判断。快速顺序查找算法使得每次扫描只判断一次，因而提高了速度，故称快速顺序查找。其基本思想是：设文件有 n 个记录 R_1，R_2，$\cdots$，R_n，对应的鉴别键是 K_1，K_2，$\cdots$，K_n，查找键值

为 K，首先增设一个记录 R_{n+1}，并以查找键 K 作它的鉴别键，即 $K_{n+1}=K$。然后从头开始，依次扫描文件的每一个记录，并进行键值比较，当查找成功时，还要判断是否在第 R_{n+1} 个记录上查找成功，若是，则为假成功，因而是失败的，必须在 $R_1 \sim R_n$ 上查找成功才是真正的成功。

显而易见，快速顺序查找要比简单顺序查找快。

（三）有序文件的顺序查找

其查找思想为假定一个文件由 n 个记录 R_1，R_2，$\cdots$，R_n 组成，每个记录 R_i 具有鉴别键 K_i，而且 $K_i < K_{i+1}$，$i=1$，2，$\cdots$，$n-1$，即文件是一个以鉴别键为升序的有序文件，以给定的鉴别键 K 对该文件进行查找，可利用快速顺序查找技术，也增设一个记录 R_{n+1}，令其鉴别键值 $K_{n+1}=|K_n|+|K|+1$ 或使 K_{n+1} 等于机器所能表示的最大值，（假定鉴别键为数值型）使得增设 R_{n+1} 记录后仍不破坏原文件的有序性，且保证 $K_{n+1} > K$。

（四）二分法查找

如果有一个存储在随机存储介质上的直接存取文件，其记录已按鉴别键的升序排列，那么对这种文件的查找可用二分法，二分法是效率极高的一种查找方法。其基本思想是：设原文件由记录 R_1，R_2，$\cdots$，R_n 组成，R_i 的鉴别键为 K_i，而且 $K_i < K_{i+1}$，$i=1$，2，$\cdots$，$n-1$，R_i 的记录号（地址）就是 i。查找先取文件中间的记录 R_j，$j=\lceil (1+n)/2 \rceil$ 进行探测，若 $K=K_j$，查找成功，否则若 $K>K_j$，则取 $R_{j+1} \sim R_n$ 部分的中间点 $R_{j'}$，$j'=\lceil (j+1+n)/2 \rceil$；若 $K<K_j$，则取 $R_1 \sim R_{j-1}$ 部分的中间点 $R_{j''}$，$j''=\lceil (1+j-1)/2 \rceil$ 再继续探测……，以此反复进行，直至找到记录，查找成功或找不到查找失败为止。

显然对以鉴别键排序的直接存取文件进行二分法查找，很快便能决定找到与否，效率相当高。但是对于频繁更新（插入、删除）的文件，使用这种方法就不甚方便，因为每做一次更新都要进行排序，要花费一定的时间。对于更新较少的文件，它才是较好的一种查找方法。

（五）插入查找

插入查找法也是一个对随机存取介质上以鉴别键为序的文件进行查找的算法。二分法查找，每次取待查范围的中间点进行探测，插入查找法与二分查找法有些类似，但它不是每次取待查范围的中点，而是取更接近于查找键值 K 的一点进行探测。让我们分析一下生活中查找的例子，便能进一步理解这一算法的实质。

例如从英汉词典中查一个英文单词，人们不会从中间页开始查，然后再查1/4 处或 3/4 处的页。因为如果你要查的词首字符是"B"，你就会从词典的前头开始，找到首字符为 B 的部分，若第二字符是"U"，你就会翻到这一部分靠后的地方，查找你所需要的单词，总之，你会力图尽快地翻到最接近含有所需单词的页码。这一想法应用到计算机中作为查找技术，无疑可以提高查找速度。

从查找一个单词的过程你也许会注意到，当你要找的词按字母顺序比你正在查的页上的词大很多时，你就会翻过好多页进行查找，当你要找的词比你当前查的页上的词稍大一些，下次查找你就不会翻过很多页。这和以前的各种查找方法都不相同，那些算法并没有对"大很多"和"稍微大些"加以区别，插入查找却体现了这一点。

三、检索

（一）单辅助键检索

记录中鉴别键以外的各数据项，都可以称为辅助键。单辅助键检索，是以任意一个辅助键为依据，进行的查询工作。作为查询依据的辅助键又称为检索键。查询条件可以是任意关系式。例如，假定检索键为 K_i，可以提出 $K_i > K$，$K_i = K$，$K_i < K$，$K_i \geqslant K$ 等简单查询条件，还可以提出 $A \leqslant K_i \leqslant B$，$A < K_i < B$ 类型的区间查询条件。其中 K、A、B 都是给定的常量。检索是找出文件中所有满足上述某条件的记录，因为不论上述哪一种查询，处理算法都是一样的。其算法流程图如图 5-3-1 所示。

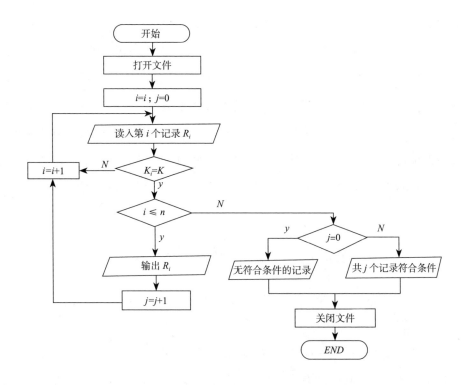

图 5-3-1　单辅助键检索算法流程图

（二）参辅助键逻辑复合检索

在现实生活中，以多个辅助键的值的逻辑组合作为查询条件对文件进行检索南情况特别多，比如从商品库存文件中找出所有上海产单价在 500 元以上的电器产品；或从人事档案文件中找出 30 岁以下的女党员，以及从教师档案文件中找出 30 岁与 40 岁之间懂法语或英语的男性教师等，都是多辅助键逻辑复合检索的例子。一旦计算机存储了各种有关信息，人们就总是希望计算机能够快速而准确地回答所提出的各种有关问题，这种要求在当今的信息社会并不过分，有必要而且也应该做到这一点。但是尽管上述用自然语言描述的查询条件已经能够用计算机所能识别（理解）的形式进行精确表示，可是发现能够实现这种查询的通用算法却是相当困难的，因为信息以文件形式存储，其中每个记录除鉴别键外，还能有多个辅助键，每个辅助键上都可以提出一个查询条件关系式，而且可以在多个辅助键上同时提出这样的条件，并进行任意的逻辑组合，成为一个查询条件。

解决这一问题的最简单方法，是每遇一个具体检索问题就编一个检索程序。因为这种检索总是要以顺序方式扫描文件的每一个记录，所以对程序员来说，写出这样的检索程序是轻而易举的，然而为给那些不懂计算机的一般用户以更多的方便，作为完整的高功能数据处理系统，确应提供这种检索功能。目前各种数据库管理系统对这一问题已经获得了较为理想的解决，近几年社会上流行的应用软件，诸如 DBASE，SUPERCALC，LOTUS 等都提供了这种检索功能。

第四节　数据处理系统开发

一、概述

系统是自成体系的组织，相同或相似的一些小的部分按一定秩序和内部联系组合而成的具有特定功能的有机整体都可以称为系统。系统的概念渗透到各个领域。如国民经济中的能源系统、交通系统、邮电系统、教育系统，人体中的呼吸系统、循环系统和消化系统等。计算机硬件和软件可以构成计算机系统。根据用户提出的在决策中要达到的目标和用户提供的业务处理目标，按照完成业务管理应遵循的顺序而建立起来的实现有关目标的应用软件，叫作计算机数据处理系统。它是为实现系统目标而编制的各种程序的有机整体。一个计算机数据处理系统的研制过程称为系统开发。系统开发一般分为系统分析、系统设计和系统实施三个阶段。

（一）数据处理系统的生命周期

把计算机用于某项经济管理工作，除了要配置计算机、外部设备及有关软件之外，还要根据管理工作的内容、规模、性质和特点等具体情况，设计并建立一个应用软件系统，才能使它实现。由于设计应用系统往往是把原来由管理人员日常进行的手工管理工作纳入一个相对固定的计算机系统中，进行自动管理，同时管理的方法、效率和目标，还要有所改进和提高，这就决定了这一工作的复杂性。国外有人把系统研制的复杂性描述为：工作比想象的还要复杂，花费的时间比预计的还要长，消耗的费用比设想的还要多，而毛病能出到什么程度就一定会出到那种程度。可见系统研制的复杂性和艰巨性。

一个数据处理系统是连续不断地逐步发展和完善起来的，一个步骤的完成也就是下一个步骤的开始，如此不断更新，循环成长。当一个现行系统已不符合实际情况发展的需要，系统的修改工作越来越难，维护费越来越高时，就预示着这个系统已濒临淘汰，系统的生命周期到此完结，一个新的系统已经萌生，开始系统的下一个生命周期，可见系统的发展是一个循环过程。

（二）数据处理系统开发的各个工作阶段

数据处理系统的整个生命周期（包括研制过程和使用过程），可以分为八个阶段，下面我们概要地说明每一阶段的主要任务及工作情况。

（1）提出任务：一般说来，任何一个组织都有一个现行的信息系统，它可能完全是手工的，也可能已经部分或全部使用了计算机，但一个新的数据处理系统的研制要求，总是由于旧系统已满足不了现行工作的需要而提出的。从长远来看，是提高经营管理水平的需要。这种要求是管理方面提出的，它反映了管理人员的切身感受和要求，它是整个系统开发工作的起因和出发点。这种需求应以用户需求书的形式提出。

用户需求书应从用户的角度论证建立新系统的必要性，提出初步设想和系统目标轮廓，并对新系统在技术上、经济上和行动上的可能性进行必要分析。其用途一是供上级部门审阅、备案；二是与设计单位洽谈合作的依据；三是作为实现计算机辅助企业管理之后，衡量经济效益的依据。一般情况下，用户并不通晓计算机系统，也不熟知计算机的使用，因此很难提出比较详细的、有定量标准的用户需求书，这就要依靠系统开发人员在系统调查过程中逐步加以充实完善。

（2）初步调查：承担系统开发的工作人员在接受任务后，首先应该对用户的业务组织情况进行初步调查，其目的是为可行性分析提供材料。调查的内容应为用户业务组织的宏观概况，诸如：组织的目标是什么？界限在什么地方？受哪些外部影响？拥有哪些可利用资源？用户需求书中所提出的任务迫切性或严重性如何？除用户部门的主管人员外，本部门的其他人员对该任务的看法如何？以前有没有在这个组织中进行过信息系统的分析设计工作？结果如何？

（3）可行性分析：在初步调查的基础上，研制工作的负责人应该对研制项目进行可行性分析，提出可行性分析报告。说明所提出的目标是否具备实现的条件，技术上是否合理，经济上是否合算，如果不可行，也列举出原因。这种分析工作需要靠经验来判断。因此，往往需要邀请有关单位或部门中有这方面实际经验的人员共同讨论。这种分析决定项目是否可以进行，因此是关键的一步。

（4）详细调查：确定项目要进行研制之后，就要对系统进行详细的调查研究，全面了解用户的业务现状，它的组织状况、工作流程、信息流程、现行的信息系统的工作情况及问题等等。这一调查研究的工作量相当大，应该组建专门的班子来进行这一工作。这项工作的基本想法应该从用户部门的实际情况出发、从现行的信息系统出发，把现实情况原原本本地调查清楚，不留死角，并采取相应的方式表达出来。不管现行系统有多少不合理的地方，它总是一个在实际运行的系统，只有对它有透彻的了解，才能掌握其问题所在，并在此基础上改进它。否则，凭借主观臆测去设计一个系统，肯定会招致失败。

（5）系统的逻辑设计：在调查清楚现行信息系统的基础上，系统研制的负责人应该在修改现行信息系统的基础上提出所设想的新系统的逻辑模型，并围绕这个模型编写各种说明，形成新系统的说明书。应该将此说明书提交给用户讨论审核，以决定是否按此说明开始物理设计。若不妥还要提出应做哪些修改。

（6）系统的物理设计：系统研制人员依据逻辑设计得到的并经过用户认可的系统说明书来安排各种功能模块的具体内容。在这一阶段，系统研制人员逐项研究系统说明书所要求的功能，权衡各种处理方法及技术手段的利弊，确定哪部分纳入系统以及所需的各种条件和资源。实施计划的讨论审核是又一次和用户的交流，在得到用户认可之后，实施计划将成为下一步实现系统的依据。

（7）系统的实现：在此以前，系统的研制工作还停留在概念上。在本阶段，大量的资源真正投入系统。硬件的购置及安装，软件的购置及编写调试，操作人员的培训，是这一阶段中三项彼此配合、同时进行的工作。本阶段又可分为分块调试、系统联调、试验运行、交付使用等阶段。各方面的工作人员陆续参加研制工作，因而，人员的组织、各部分的协调十分复杂和重要。

（8）系统的运行和维护：系统投入运行之后，工作并没有结束。由于主观和客观的种种原因，在实际运行中，总要进行一些修改，我们把运行期间所做的修改工作称为系统维护。系统维护是指修改系统设计方面的错误，以及系统使用后又增加新的功能或为适应新的环境需要而改进系统效率等工作。系统维护的期限一般从系统测试完成、投入运行之日起，到该系统废弃不用时止。系统的维护与计算机的硬件修理是两个不同的概念，硬件修理意味着使硬件恢复到发生故障前的状态。如同自行车、钟表等，修理都不意味着去改进它们的潜在缺陷。而系统的维护却不是这样。系统的故障是先前早已存在的一种不正确状态的表露，因此系统的维护就是改变原先的状态，它不是"修理"而是"改变"。系统作为软件，不会像硬件那样在使用中逐步退化，不会因时间的增长而损坏，也不会腐蚀。系统潜在的错误在运行中一旦被发现且得以纠正，系统的可靠性即随之提高。

经验表明，系统维护工作的负担是相当重的，往往比系统研制所花的人力物力还要多。有人估计，世界上的计算机软件人员有百分之八九十在从事系统的维护工作，只有百分之十到二十的人在从事新系统的研制工作。除了改错或改进之外，在系统的运行过程中，还必须对系统本身的运行情况进行监督和统计，以便及时作出评价及找出存在的问题。

当系统存在的问题已经超出修改所能解决的范围时，新的信息系统的研制就提到日程上来了。这样就回到了第一步：提出任务。

这是数据处理系统从研制到运行的整个生命周期。

实际上，整个数据处理系统研制工作可分成分析和综合两大阶段。在分析阶段，使用者提出的要求被逐步分解、具体化直到落实到各个程序模块。在综合阶段，逐步把各个模块组合成系统，最终实现使用者提出的要求。结构化系统分析的方法，把这个大的阶段，再严格地分成若干阶段，而且在每个阶段都强调系统设计者与使用者的交流与合作，这样，每个阶段发生的错误都可以在本阶段中发现与纠正，并且通过交流与合作，把使用者的实际工作经验引进了研制工作，这就大大提高了研制工作的可靠程度。

前面列举的八个阶段，前七个属于研制阶段。其中前五个属于逻辑设计范围，不涉及具体的实现方法及手段，可以概称为系统分析阶段，第六、七两个阶段可以称为系统设计阶段，第八个阶段为系统实施阶段。

二、系统分析

系统分析的主要任务是：彻底搞清用户的要求，首先对选定对象进行初步调查与分析；在明确系统目标的基础上，进而开展对新系统的深入调查与分析，提出新系统的模型，做可行性研究，并提出系统分析报告。

（一）系统调查

1.调查的内容

不论是设计新系统还是改进现有系统，调查研究总是第一位的。调查的内容是：首先必须对用户业务现状，即现有信息实际中怎样流转、怎样被利用，进行必要的调查。调查主要围绕这些信息的载体进行，比如各种单据、报表、报告等。研究每一张单据、每一张报表都说明什么问题，需要哪些信息或数据；它们是从何处得到的，这些单据或报表以后又怎样被进一步利用；表中的每一个项目，哪些非要不可，哪些与其他报表有重复，哪些报表可以合并或取消；等等。除了书面调查外，更重要的是对掌握和使用信息的人进行调查。即访问有关人员，向他们提出一些问题，诸如，为了处理这一项工作，从哪里得到你所需要的信息？多长时间得到一次？是从哪里得来的？它们的可靠性如何？对你解决业务问题或进行决策起到什么作用？你认为现在这套办法，即现在的这个信息系统有什么问题？应该怎样改进？通过这类调查研究，就可以对现在这些信息的种类，它们在企业内流转的来龙去脉，有一个概括的了解。知道每种信息是由哪里产生，由谁传送，传送到何处，经过怎样的处理，以什么形式输出，供谁使用，等等。有了这个全貌，就可以进一步分析和筛选，究竟哪些信息是基本的，哪些是派生的；

哪些信息对管理或决策是重要的，哪些并不重要；哪些可以被继续利用，哪些是仅供上级过目后便搁置不用；等等。其次，调查内容还要包括对用户原来的管理是否科学的调查，管理方法的科学化，就是管理方法要适应现代化大生产的客观要求，符合生产力发展的内在规律。使用计算机进行数据处理的目的，并不单纯地为了节省管理工作的手工劳动，更重要的是它可以迅速地反映出生产经营活动的真实状况。如果原来的管理体制不健全、管理方法有问题、原始数据混乱和失真，用上计算机虽然能得到一大堆数据或报表，但并不能达到及时、准确、高效的管理目的。通过这个方面的调查可以确定开发计算机数据处理系统有没有价值，是否可行。

调查又分为定性调查和定量调查。

（1）对现有系统的定性调查

定性调查，主要是对现有系统的功能进行总结，定性主要考虑对象系统的特点、工作过程、工作方式、工作对象和系统环境情况等。

弄清处理流程。按原来手工作业流程，一个一个环节调查，调查各环节处理任务、工作内容、各环节之间处理内容和时序联系，以及各职能单位与各处理环节的关系。调查中要注意原来各部门作业任务中可能存在的大量重复和不合理的迂回现象。

调查系统的处理特点。处理特点的调查要紧密结合计算机处理方式和可能规模来进行。内容包括：数据汇集方式（人工、联机、开路、闭路）、使用数据的时间要求、现行处理方式等。

调查处理对象的环境特点。环境特点主要指处理对象的数据来源，如系统输入方式，以及作为系统最后结果，何时、以何种方式和何种格式传递到系统之外。所谓环境，是指对计算机应用系统产生较大影响的因素的集合，比如现行管理体制、管理人员的观念和素质、所能提供的计算机系统等都属环境范畴。

（2）对现有系统的定量调查

系统的定量调查，目的是弄清数据流量的大小、时间分布和发生频率，哪些是固定信息，哪些是流动信息，为下一步系统设计提供科学依据。

收集各种原始凭证。了解各种数据的格式、意义、产生时间、地点和向系统的输入方式。并统计出原始单据的数量，对每张单据信息所占字节数作出估计，从而得出每月、每日、每时系统数据的流量。最重要的是时间分布，因为它决定系统规模。

数据输出量的统计。统计系统一共要输出多少报表，是些什么报表，每张报表的格式如何，各种报表需要存储单元的字节数及输出打印的行数，等等。这对外围设备的选择，以及外设与主机的匹配都大有关系。

数据存储量和存储要求的分析统计。静态数据的存储形式及存储量对系统的效率影响很大，通常它占据外部存储器，但必须开辟内存缓冲区，以实现对它进行的频繁存取、查询等。

收集与新系统对比所需的资料。收集手工系统各类作业的业务工作量、作业周期和差错发生率，供日后对新、旧系统进行经济效益等各种指标的评价时参考使用。

2. 调查的方法

（1）访问

访问是收集数据的主要手段之一。由原系统改变成一个新系统往往涉及管理体制改革、作业流程的变更以及工作人员调整等具体问题，因而也涉及各类人员的切身利益，势必有人赞成、有人反对。访问可以听取各方面的意见和要求。访问一般由系统研制人员向各类业务人员提出有关问题，让被访人员做出详细回答。比如对输出报告的使用者就可以提出"你们需要计算机输出什么的报告？格式如何？以往手工报告中数据的精确程度怎样？用什么办法发现错误和修改错误？"等问题。

（2）开调查讨论会

可以按两种方法进行组织。一是按职能部门召开座谈会，了解各部门的业务范围、工作内容、业务特点及对新系统的想法和建议。二是各类人员联合座谈，系统人员根据访问所了解到的原系统的概况提出新系统设计的初步设想，并着重听取用户单位对目前作业方式存在的问题和要求未来系统着重解决什么问题的意见。

（3）直接参加业务实践

调查研究要亲自参加实践。必要时可请业务骨干讲业务课，通过以建立应用系统为目标的跟班学习，可以更深入具体地了解现行业务数据发生、传递、加工、存贮、输出等工作内容，这对以后建立模型或人工模拟都是很关键的一步。

3.调查分析的技术工具

在调查分析过程中可以使用一些技术（或工具），帮助系统分析人员描述系统、整理思路、记录要点和分析问题。目前，人们设计了不少这方面的专门工具，其中比较简单的是功能分析图和数据流程图。

（二）提出新系统模型

通过系统的调查和分析，有了深入了解之后，就可以着手建立新系统模型。主要工作是确定系统目标、系统规格，建立系统模型，写出基本方案设计报告。

1.确定系统目标

系统目标是指达到系统目的所要完成的具体事项。例如开发一个基建工程预算系统，其主要目的就是要及时准确地计算出工程项目的预算造价，打印出工程预算书和材料、人工用量等。其系统目标就是要根据工程设计图纸输入的初始数据计算出工程量、套算定额、根据各种取费标准计算各种费用，然后汇总，并打印工程预算书等事项。

系统目标通常以用户要求系统解决什么任务、以什么水平实现目标、分哪些阶段实现等意见为依据，经研究协商来确定。

有了明确的系统目标，可使系统研制有章可循。有了评价和衡量的标准，能使使用单位和设计单位更充分地合作，使系统更符合环境和用户要求，也可以使系统设计避免局限性，并为进一步丰富功能提供明确的目标。系统目标可用文字逐项说明，更具体的是在系统规格和系统模型中规定、体现出来。

2.确定系统规格

系统规格主要是对系统数据或信息的描述。例如系统有多少数据要处理、数据占多少存储空间、时间要求、保密性等。系统规格应尽量通俗化，尽量避免使用技术术语，应有详尽的说明。

系统规格大致包括下述内容：

（1）报告数量、发生频率、时间要求、形态（纸上、磁盘上、磁带上，还是在终端屏幕上）。

（2）报告产生所需要的数据种类、来源以及需要的处理和存储。

（3）数据的种类、数量、与单元之间的关系及结构。

系统规格确定之后就可以结算系统开发及使用的人力、物力和财力。

3.设计新系统模型

建立新系统模型主要包括画出新系统流程图，并提出各种文件。如系统综述、设计概要、要求规格和约束条件等。系统模型的设计也称预备设计，其主要工作如下：

（1）确定输出数据：输出数据最终为信息。

（2）确定输入数据：研究输入的方法、数量、形式和内容。

（3）确定文件：要讨论介质选择，文件种类、形式和内容，尽量减少文件种数。

（4）确定代码：信息必须代码化，代码必须统一化。

（5）建立系统模型。

4.基本设计方案报告

在系统流程图设计完成之后，即可提出新系统开发的基本方案报告。基本方案还需对下列内容进行阐述。

（1）处理方式：选择成批处理还是联机实时处理。成批处理是按指定时间汇总输入数据、集中进行的处理，其优点是费用较低而又可有效地使用计算机。联机实时处理是数据直接从数据源输入主机进行处理，即时作出回答，处理结果直接传给用户。实时处理的优点是能及时得到处理结果，但费用较高。

（2）决定编码对象，建立代码书。

（3）为系统设计建立必要的技术文件。建立数据描述书；建立各种一览表，如功能一览表、代码一览表等；建立各种预算表，如输入时间预算表、输出时间预算表、文件容量表等。

（三）系统开发的可行性分析

可行性分析又称为可行性研究，是系统开发的重要步骤，可行性分析可以使系统获得技术上可行、经济上合理、使用起来有效的方案，为下一步系统设计创造有利条件，具体包括下列内容。

1. 系统目标分析

目标分析就是研究判别新系统确定的目标是否合适、难度和复杂性如何、能否实现，同时还要考虑新系统必须具有先进性和进一步发展的可能性，保证新系统的运行可以极大地提高管理工作的及时性、数据处理的可靠性和正确性。

2. 功能分析

在系统方案确定之后，应该对系统进行功能分析。功能分析的主要任务是检查和确定系统必需的功能是否都具备，能不能达到系统的既定目标。进行功能分析可借助上面介绍的功能分析图和信息关联图，分析各子系统和各功能模块划分的正确性和可行性。

3. 环境分析

环境分析也就是客观上提供可能性的分析，系统目标和系统功能是根据需要提出的要求。而在当前的实际条件下是否可能实现，则必须做详细的环境分析或称为条件分析。环境分析一般包括如下内容：

（1）基础条件的分析。基础条件是系统开发最基本的也是最重要的条件。基础条件主要指原单位的基础工作质量和水平如何，有没有符合技术经济要求的制度和方法，有没有系统、完整、准确的数据资料以及能够解决处理对象的计算方法和数学模型。如果不具备这些条件而盲目开发计算机数据处理系统是徒劳无益的。

（2）人力分析。可用于系统开发的人力资源究竟有多少？如何组织和培训？

（3）设备分析。从何处得到什么规格和性能的计算机，这对系统开发影响极大。

（4）制约条件分析。分析新系统与其他有关系统的互相影响和衔接问题。例如开发一个采购系统，它必然受到生产系统、库存系统和财务系统的制约。

4. 费用和效益分析

对以计算机为主要工具的数据处理系统进行经济效益分析是一件困难的工作。这是因为开发一个系统，开销很大，又不能立即见效，而且它效益的发挥一般都不是直接的，所以效益分析很难全面具体，必须确定一个合理的评价标准，才能分析比较。

三、系统设计

系统设计的任务是为进一步实现系统分析阶段提出的模型，详细地确定新系统的结构。在系统分析阶段已经规定了新系统应该做什么，而系统设计阶段就要根据提出的任务和现有技术条件来确定如何做这些事情。具体说，本阶段就是要设计出系统流程图、子系统流程图，提出程序设计说明书等全部必要的技术资料，为系统实施阶段的程序设计做好准备。

（一）数据分类

一个事物的特征往往是多方面的，我们把事物的每一特征称为属性。我们就通过插述事物的某些有关属性来反映一个事物。属性又有属性型和属性值之分，属性型用某种具体文字符号表示，属性值用具体数据描述。例如：某一个人，其属性型 / 属性值有姓名 / 王巍、年龄 /25、性别 / 男、藉贯 / 山东等。

如果事物指某单位全部职工的人事档案，则对某一个职工来说，只是总体中的一个个体。为了反映这个总体，需要用一个二维表的形式来描述。表中每行代表一个个体，每列代表一个属性，表中每一项为属性值，若把这个总体二维表存于外设，它就是一个数据文件，一个个体（一行）是一个记录，每一个属性值就是记录中的一个初等数据项。

以上只是静态地描述了事物的特征，实际上事物在不断发展变化，反映事物特征的各个数据也在不断变动，需要及时更新。数据处理中为了及时反映这种变化，并相应地确定数据组织和数据处理技术，需要对数据的变动特性进行分析。这项工作称为数据的动态特性分析。分析的依据是系统分析阶段收集的有关数据变动率资料。

数据按其动态特性可以分为以下三类。

（1）固定数据

在描述某事物的若干个属性中有些属性的值是基本上不变的，我们把这些不变的属性值数据称为固定数据。例如，工资系统中姓名、基本工资，预算定额中的材料消耗量，等等。

（2）固定个体流动数据

这类数据项，对总体来说具有相对固定的个体集，但个体中某属性的值是流动的。例如，工资系统中，电费扣款人员变动不大，但每人所扣电费数额每月都有变化。

（3）随机流动数据

这种数据项，其个体是随机出现的，值也是流动的。例如，工资系统中，互助会借款和病事假扣款，人员和数额都是随机变化的，

按数据变动率对数据进行分类的目的是正确地确定数据和文件的组织关系，也就是确定把哪些数据安排在哪种数据文件中。通常把固定数据放在主文件中，把固定个体流动数据放在周转文件中，把随机流动数据放在处理文件中。

（二）分解系统，把系统分解成子系统

把系统划分为若干个子系统，或把一个子系统划分为若干个功能模块，可以大大简化设计工作。子系统和模块都按逻辑功能划分，划分后的每一个子系统或模块，无论是设计，或者是调试，基本上可以互不干扰地各自进行。如果要修改系统，比如说要修改输入或输出的某些项目，都可以独立地进行。在系统设计中，模块化已成为一种趋势，被人们广泛接受和使用。

分解系统时，一般要注意以下几个问题：

（1）把系统划分成功能简单明确的部分，这样的部分称为模块，由模块组合而成的系统是模块化结构系统。

（2）系统划分模块的工作应该按层次进行。首先把整个系统看作一个模块，然后把它按功能分解成若干个第一层模块（子系统），它们各担负一定的局部功能，又互相配合，共同实现整个系统的功能，每一个第一层模块再进一步分解成

更简单一些的第二层模块，以此类推。越上层的模块，其功能越笼统、越抽象；越下层的模块，其功能越简单、越具体。

（3）每一个模块应该尽可能独立，尽可能减少与其他模块之间的联系，只保留一些必要的关系。

（4）对整个系统的层次结构及模块之间的关系要用适当的方法加以明确的说明及描述，以便在修改时追踪和控制其影响。

（三）系统流程图设计

系统流程图就是根据信息关联图提供的各功能之间的信息联系和数据关系，综合而成的用以描述系统为实现其目标所做的各种处理流程的图式。

绘制系统流程图需要使用统一的框图符号。表 5-4-1 是目前普遍采用的系统流程图符号。

表 5-4-1　系统流程图符号

程序框	名称	功能
	起止框	标识算法的开始或结束
	输出/输出框	标识算法中的输出或输入
	判断框	标识算法的判断
或	处理框	标识算法中变量的计算或赋值
	流程线	标识算法的流向
	注释框	标识算法的注释
	连接点	标识算法流向出口或入口的连接点

系统流程图是指以计算机为基础的数据处理系统总体结构的一种通用表示方

法。它的主要特征是：

（1）系统目标已经确定并反映在流程图中。

（2）需要的数据和数据的来源都设计在系统中。

（3）确定了输入和输出信息。

（四）输出设计

输入和输出设计的次序刚好和实施过程相反，并不是从输入设计到输出设计，而是从输出设计到输入设计，即由输出决定输入。这是因为输出报告直接与使用者相联系，设计输出报告的宗旨不论是内容还是形式都应该圆满地实现用户的要求，方便使用，正确地反映用户所需信息，所以输出设计要先行。

1. 输出设计的内容

（1）关于输出信息使用方面的内容：包括输出信息使用者、使用目的、使用周期，输出报告的数量、有效期、保管方法和复写份数等。

（2）输出信息的内容：包括输出项目、位数、数据形式（文字、数字）等。

（3）采用的输出设备：如行式打印机、绘图仪、显示屏幕、磁盘等。对行式打印机还需注明每行字数和每页行数。

2. 输出报告格式设计

设计输出报告（主要是纸质）格式要注意以下几点。

（1）方便使用者。这是贯穿系统设计始终的一条基本原则，它关系到整个系统的价值和生命力，因此要予以足够重视。例如，计算机系统有汉字输出功能，对于一般用户应尽量用汉字表示各种文字信息。

（2）要考虑计算机硬件功能。如打印机是计算机系统的薄弱环节，要尽可能减轻打印机的负担，重复份数较多的输出报告可用复印机帮助解决。

（3）要考虑原系统的输出格式。如有修改，应与有关部门协商，征得用户同意，方可改动。

（4）对打印字域的位数要根据打印机的最大列数认真设计，并试打样品，正确无误才能正式使用。

（5）输出表格设计要考虑用户业务系统发展的需要。例如，是否要在输出表格中留备用项目，以满足将来新增项目的需要。

设计输出报告格式之前，要把各项内容填写到输出设计书上。一般的输出报告，都以表格的形式输出。

（五）输入设计

输入模块是承担着将系统外的数据以一定的格式送入计算机的任务。输入数据的正确性是整个系统运行质量的决定性因素。若输入方式不当，引起数据的输入错误，即使计算和处理十分正确，也不可能得到准确的输出信息。计算机领域有句名言：输入的是垃圾，输出的仍然是垃圾。因此，输入设计必须十分仔细，设法避免一切可能出错的漏洞，把好数据进入这一关。

1.输入方式的选择

欲把外部实体或事件送入计算机，首先要把它们用一定量的数据描述出来，然后赋予恰当的格式，用计算机所能接受的方式送入计算机。输入方式很多，如把数据制成穿孔卡片或穿孔纸带，由读卡机或纸带机将数据送入，也可由人在键盘上把数据送至软磁盘，再由软磁盘送入机内处理；也可用磁墨字符阅读器把账单读入机内；还可用光学账本阅读器读取日记账；声音输入方式也已开始试用，它可由人用人类的语言直接把信息读入计算机。当然目前在我国广泛使用的还是键盘直接输入方式。

2.初始数据表的设计

输入设计的重要内容之一是设计好初始数据表的格式。研制一个新系统时，即使原系统的票据很齐全，可直接用于输入，但一般也要根据机器处理的特点，重新设计用于输入的原始数据表，将原始数据按表的格式填好，再经键盘按顺序敲入。设计初始数据表应遵循下列原则：

（1）便于填写；

（2）版面排列要有条不紊；

（3）便于归档保存。

3. 输入数据的校验方法

对于输入数据的正确性校验，有由人工直接检查、由计算机用程序校验以及人与计算机结合校验等多种方法，最常用的方法有如下几种，每种方法可单独使用，也可联合使用。

（1）重复校验

这种方法又称为二次输入，即将同一数据先后输入两次，然后由系统程序自动对比校验，如两次输入的对应数据不一致，计算机显示出两次输入的数据或打印出错信息。

（2）用眼睛校验

在输入数据的同时，由计算机当即显示或打印出输入的数据，用眼睛直接观察并与原始数据比较，发现差错，及时修改，防止错误数据进入系统。

（3）控制总数校验

采用这种方法时，先由人工将输入的全部数据求出总和，然后在输入的过程中由机内程序累计总和，将两者对比校验，不过这种方法只能发现输入数据有错，而很难确定究竟哪个数据有错。

（4）数据类型校验

大家知道，数据分为数值型数据和文字型数据两种，需要机器计算的数据都必须是数值型数据，因此进行类型校验十分必要，因为用计算机去计算文字型数据，往往会引起硬件故障。

（5）格式校验

即对那些事先已确定了某种格式的数据进行位数和位置的校验。例如：某种代码整数两位、小数三位，可以测定它的第三个字符是否为小数点，如果不是即可认为输入有错。又如，姓名栏规定为18位，而姓名中最大位是17位，则该栏最后一位一定是空白，若该位不是空白，就可确定输入错位。

（6）逻辑和范围校验

许多用户业务中的数据，具有一定的逻辑性。比如：职工年龄，一般不小于

10 岁，不大于 70 岁，月份不超过 12，否则矛盾。某些属性值也有一定的范围，比如某产品的单价在 50~200 元之间，产品的编号在 1~100 之间，如果某一单价和编号超出各自的范围，都可认为是输入错误。这种逻辑和范围错误可以在输入时当即由程序判断出来。

4. 输入出错的改正方法

数据处理分为批处理和即时处理两种方式，批处理是将待处理的原始数据一次性输入，建成原始数据文件，然后由数据处理系统自动启动外存输入数据并同时处理。即时处理是由操作员在终端上把数据直接输入系统并当即处理。若为批处理，可在输入时记载下输入错误的记录，然后对数据文件集中修改；若是即时处理，输入时发现错误应当即修改或停机。

对于即时处理，一般也在输入数据的同时打印出一份与原始数据表形式一致的输入数据映象表，以便日后核对输入的数据与原始数据是否完全一致。

（六）文件设计

数据文件的种类很多，按其用途可以分为以下几种。

1. 主文件

主文件是系统中最重要的共享文件，例如，工程预算系统中的总信息表文件、预算定额文件。主文件的主要内容都是固定或半固定的数据，如预算定额文件，其中每一定额记录中的数据几乎都是长期不变的。

2. 处理文件

处理文件由需要系统处理的数据和有关信息组成的活动记录构成，如工程预算系统中初始数据文件就是典型的处理文件，处理文件不是共享文件，它随系统实施对象的不同而变化。

3. 索引表文件

索引表文件指明记录的鉴别键和记录所在外存地址的对应关系，它是访问外存文件中某特定记录的媒介和工具，如预算系统中的定额目录文件。

4.报告文件

报告文件用以反映系统运行的结果，如工程预算系统输出的工程预算书。

5.后备文件

后备文件是现行文件的副本，平时存于外部介质中，只在现行文件遭到破坏时，才用后备文件予以恢复。

设计文件之前，首先要弄清数据处理的方式（批处理还是即时处理），文件的媒介（磁带，硬盘，软盘）、计算机操作系统提供的文件组织方式、存取方式、服务程序的性能以及存取时间处理时间的要求等。

文件设计通常从设计共享文件开始，这是因为共享文件与其他文件关系密切，先设计好共享文件，其他文件中与它相同的部分就可以它为基准，进行设计。

文件由记录组成，所以文件的设计主要是记录结构的设计。有了记录结构，文件记录中各数据项的名称、类型、长度、顺序就有了具体规定，这些规定非常重要，它是系统存取信息的依据。设计错误或有关文件之间规定不吻合、不协调都可能给将来程序设计和调试带来极大的困难。

文件中除设计一般记录外，有时还要设计特殊记录（又称零记录），用以记载一些有关文件或系统方面的信息。例如：文件中的记录个数、记录中的数据项数以及系统运行中需要的一些统计数字或参数等。

文件设计还应注明此文件的数据记录由哪个模块形成、又将被哪些模块使用等情况。

（七）子系统处理流程图设计

前面已经叙述了如何把一个较大型的应用系统分解成几个相对独立的子系统，以及如何进行输入输出设计和文件设计，这些都属系统设计的前期准备工作，或者说是外围工作。因为系统的整个功能，是分别由所属的各个子系统及包含的各功能模块来实现的，因此可以说，系统设计的核心是其各子系统及其功能模块的设计，确切说是每一个功能模块的算法设计。什么是算法呢？算法是用计算机对数据转换的过程。

绝大部分的算法设计是用流程图（或称程序框图）实现的。在应用软件的设计中，画流程图一度被认为是最重要的一步，其实也不尽然，在算法的设计过程中，流程图只不过是一个工具而已。对于设计和检查程序模块的逻辑能否正确地进行操作来说，流程图的确是一种可以选用的方便之法，况且使用流程图可以设计出与具体计算机无关的程序逻辑。在用框图符号表示的流程图中，检查算法逻辑上的错误比当流程图变成具体的执行程序之后再去查找逻辑错误要容易得多。

1. 流程图符号

数据处理领域已经有了一套标准的流程图符号。若使你的工作能被其他人所利用，就要使用这些标准符号。国外曾经生产了一种具有全部框图符号的模板，现在我国一些城市也开始生产和出售这种画图工具，可以选用。

2. 算法设计

算法设计实际上是软件设计。计算机应用领域的不同，研究算法设计的方向也不同，现已出版许多算法设计的专著，可供参阅。这里我们只介绍把逻辑系统块变换成算法的某些通用方法。

（1）确定功能块的任务。如果设计的是个简单的程序而不是整个系统，自然功能块的名称差不多就是它的任务，因此只用一两句话就可描述所要进行的操作。

（2）确定被操作的数据在什么地方。是读入，是从别的功能块传送过来，是从表中查出还是其他？当你确定从什么地方取得数据之后，还要确定在使用数据之前，是否还要做些什么。例如：要不要变换数据类型、要不要取整、要不要换算等等，倘若需要，就应在本块中增加这些功能。

（3）考虑怎样来完成所需要的操作。这是算法设计的实质，正是在这里才可以把数据从输入格式（形态）变换成输出格式（结果），通常这部分工作将占全部工作的最大部分。设计算法是一个不断反复的过程，在获得正确的算法之前，一般要进行若干次尝试。首先要按照实际操作的顺序写下序列的操作。当你明确了总流程之后，再把实际执行操作中所需要的数据处理和判定程序块加进去。

有了一个可以使用的算法之后，应当用数据检验一下，看它是否真能正常运行。要设法想象可能出现的每一种数据情况，然后确保在每种情况下，你的算法都能正确处理。

（4）确定怎样处理结果数据。需不需要专门的格式化、要不要保存、要不要输出，还需考虑结果数据能否为外设和下一级子系统所接受。

（5）力争结构简单，保持流程简捷、合乎逻辑与一目了然应该是算法设计的目标。对于怎样从子程序进出要特别当心，在编制任何具体算法时，真正使用的只不过是几种简单的结构，而这些结构要在具体实践中研究、体验和掌握。

（八）制定设计规范及编写程序说明书

1. 设计规范

完成系统流程图和子系统处理流程图设计之后，我们对整个系统已经有了比较完整的认识，系统有多少程序、有多少数据文件已成竹在胸。但在系统内，程序和文件以及处理方法的种类极多，如不予以统筹命名，统一标准就会给将来系统使用、维护和管理带来麻烦，因此在系统设计初步成形以后，就要从系统的角度，制定好设计规范。

所谓设计规范，就是一个系统的"公用标准"，它具体规定了文件和程序的命名格式、代码结构等。

2. 编写程序设计说明书

程序设计说明书，是由系统设计员编写、交给程序编制人员使用的用以定义处理过程的书面文件。通常它以一个处理过程（一个程序块）为单位，内容一般包括程序名称、所属子系统及系统名、程序的功能、程序的输入输出关系图、输入文件和输出文件的格式、数据的类型及提供信息的要求等。程序员根据说明书指示的内容进行程序编码，因此要求程序设计说明书必须具体明确，不允许有模棱两可的语言。系统设计员所设想的处理内容务必与程序说明书所理解的内容相一致，保证系统开发的正确实施。

四、系统实施

系统实施包括程序编码、程序调整与测试、系统转换与维护、程序优化、系统运行情况评价等内容。

（一）程序编码

程序设计（Programming）应划分为设计（Design）、编码（Coding）和调试（Testing）三个阶段。设计主要是根据程序要完成的功能，使用逻辑流程图设计算法。这一阶段的工作一般由系统设计员来完成，上一节已经做了介绍。程序设计一般都不涉及具体语言，只研究实现程序功能的方法和步骤。编码是程序员根据系统设计员提出的程序设计说明书及其逻辑流程图用某种指定的计算机语言编写程序。当然，编码过程也有一个再设计过程，因为系统设计员提供的逻辑流程图只是算法逻辑的粗框图，它与具体语言往往还有一些距离，因此程序员还要根据选定语言自身特点设计出实现逻辑流程图所规定算法的具体方法。一般先画出程序细框图，然后配置语句，较熟练的程序员也可以不画框图而直接编程序。程序调试的主要工作是诊断和修改程序中的错误。下面我们先讨论程序的编码。

程序编码的工作量大，一般都由多个程序员共同承担，因此为便于管理和衔接，避免因人员变动引起程序编码与维修脱节，程序编码必须标准化，具体要求是：

（1）程序说明书格式标准化。

（2）统一程序框图的符号。

（3）统一程序名称和编号。

一个应用系统投入运行后，常常发生设计者原来没有预料到的情况，有时甚至会莫名其妙地引起系统错误。为了避免这些意外情况的发生，编码时还应在程序的关键部位设置控制点（又叫检测点）。例如，在输入模块之后设一控制点，防止非法数据进入。又如，在处理从随机文件读入的记录前，设一检测点以核对该记录是否为所需记录等。

在系统运行过程中，常常需要人和计算机对话，以实现对系统的良好控制。广义地讲，系统的输入、输出均表现为人机对话的过程。但我们所说的对话仅指系统运行中间，为了进行控制和检验而设计的操作人员通过终端与机器的对话。目前投入运行的数据处理系统广泛地采用了对话方式。对话方式设计得好，会缩短人机之间的距离，使系统变得更灵活、更明了，易为初学者所掌握。因此，对话设计已成为程序编码工作的一个重要组成部分。

对话主要有三种方式。

（1）菜单式

系统在终端上详细列出系统目前正在做什么，下一步有几种选择的项目。这样操作人员就像点菜一样，指定一个他所期望的执行方向，系统则按此方向继续运行。

（2）是否回答式

在系统运行过程中，当执行到某一个步骤时，往往会遇到多种可能的情况，为了正确运行，这时系统向操作员提出一个问题，需要操作员回答"是"或"非"，机器按用户的回答决定下一步的行动。例如，用户做了一个可疑的操作，或者系统运行中遇到了某一意外情况，系统则把问题（有时是可能发生的问题）显示出来，询问操作人员是否继续运行下去。这种由机器向人提出问题，人只给机器一个是或非的简单回答，系统就能正常运行的对话方式称为是否回答式。若用汉字提出问题，对话就更能一目了然。

（3）一般回答式

系统的运行，往往需要操作人员在一定的时间内，或在遇到某种情况时，给出一个或多个项目名、文件名或程序名等参数值，才能进一步运行。

对话设计，首先要考虑系统的使用对象，对水平较低或对系统了解不多的使用者，系统要尽可能详细列出问题及可能的回答，只需使用者做简短的回答。反之，系统显示的内容可简短一些。总之，通过对话设计使系统的工作质量建立在自身的完善程度上，而不是建立在对操作人员的专业知识、操作技能的要求上。

理想的系统应该达到使没有经过专门训练的用户，通过人机对话，就能逐步学会使用系统。

（二）程序调整与程序测试

程序调整即排除程序错误的过程，而程序测试则是为了排除错误而确定错误发生在程序中什么地方。一切具有一定规模的程序在开始时总会包含某种错误，而绝大多数大型程序在其使用期内也会不断地出现错误。权威专家曾经断言"没有错误的软件几乎是没有的"。对于大型系统来说，如果要想使它调整得完全没有错误后再正式投入运行，其结果必将永远等待下去，终不能正式使用。因为目前对于程序（软件）还不能完全像对数学公式和定理那样进行证明，虽然近几年计算机软件业较发达的国家已开始研究程序正确性证明的方法和手段，但尚未获得行之有效、完全理想的证明方法。目前还只能通过程序运行前的测试调整和运行中的维护来使系统逐步臻于完善。

1. 程序测试

在调整程序之前，必须对程序进行测试。测试过程并不是把所有的程序都输入内存，然后简单地启动运行而已，而是首先认真而严格地审查源程序，然后遵循下列各原则逐步完成程序的测试工作。

（1）从小块入手

把整个系统程序分成一块接一块的小程序块，这样会使程序测试简便易行。在碰到困难之后，也不要丢掉这一步而试图一举测试整个系统，要从小块入手，然后回过头来逐步升级到整个系统。

（2）逐次通向上一级程序

一旦所有最初级程序调试完毕，就可以转向上一级程序，这级程序就是那些调用最初级程序的程序。因为已经知道所有被调用的子程序都是正确的，只要保证正确设置过程参数就可以集中注意力于检查各个新的程序部分。然而增加更多的新模块会使测试部分的规模不断增大，这种向上逐级集成的过程称为首尾倒置的执行过程。当移向上一级程序后，测试实例也会变得越来越复杂。重要的是应迫使你自己最认真地检查。如果别人替你选择一些测试实例，然后检查程序运行情况，当然是有益的，但它决不能代替你自己选择一些关键条件和关键值（临界值）来测试程序，而程序的算法正是受这些关键条件和关键值的限制。因为对于自己设计的程序算法，自己最了解哪些是算法的关键条件和关键值。宁肯对一个程序测试得过分了一些，也不要留下任何"死角"。

（3）确保所有程序通路无一遗漏

保证程序模块中所有可能的判断结果都被检测是测试所有级别程序时所应遵循的方针。对于出错条件更要特别注意，许多程序的出错退出处理均设计得很不完善，如果从程序嵌套深处直接退出，会导致一些有用的数据来不及保留造成系统不能重新正确地初始化。

（4）每次只测试一个项目

运行测试实例的最好方法是每次测试一个项目，因为有时程序故障会使得程序本身变了样，并使后续的测试无效。最好在程序运行出现可疑现象时，再次输入程序原始副本，并重复测试，如果错误重复出现，则捕获了一个隐患。

（5）对所有数据结构要查两遍

在使用数据结构的数据之前要确保数据结构本身是正确的，这一点非常重要。数据结构有错误，它反映出的现象会使人感到像是处理程序有误，但事实上处理程序正是做了它应该做的工作。检查数据结构要保证它的格式和内容都正确，这一点对于程序分支表和置入表中的字符来说尤为重要。还应特别认真地检查各类指针、分界符和终止符。因为一旦到了程序测试过程中就很难把数据结构上的错误孤立出来，所以花费一些时间检查所有的数据结构是值得的。

以上所述的每一方法都有助于检查程序是否正确。要记住：凡是没有测试过的程序都应先假定它们有错误，直到有了测试的证明才能认为程序是"清白"的。其实，公认的事实是：程序测试只能证明程序中是否出现错误，并不能证明再没有错误，因为发现不了错误并不等于那里没有错误。

2. 程序调整

程序调整是把测试过程中发现的错误改正过来。有人认为把最初检查出来的程序错误改正以后，程序就可以运行交付使用了，事实远非如此，程序显得可以运行之时，重要的测试和调整工作才刚刚开始。程序调整可以粗略地分为两个阶段。一是语法校正阶段，二是逻辑校正阶段。语法校正的任务是使源程序完全符合所用语言的语法规则。语法校正过程一般比较简单，因为大多数语言处理程序（编译和解释程序）都能指出源程序中的语法错误，给出错误信息。

（1）执行功能的调整

一旦语法错误校正完之后，真正的调整工作才开始。当试验运行程序时，程序就出错，是什么原因呢？如果测试的是一个小模块程序，则现在已经完成了调试工作中的最重要部分，即分割成小块。然后从出错的症状入手，一路追踪下去，直至找到出错源。如果程序结构很差，要做到这一点是很困难的，如果程序的结构很好，当发现问题时，也差不多解决了问题。一旦把问题找到就要查出原因，首先要弄清程序是否按设计者的意图在工作。人们在键盘输入什么就只能是什么，但你有可能用错了一个相似的变量名或使用了一个有效但不正确的语句，要么就是编写的语句不能真正表达设计者的意图。这些错误需通过一行一行地分析程序加以排除。在分析源程序时，最好把这个程序的逻辑流程图和所用语言的手册放在手边。逻辑上采用比较隐晦或技巧性强的方法的地方要格外小心，特别是对那些以前未曾使用过的方法更要注意，因为大多数技巧性强的方法都存在容易出错的副作用。检查程序是否按你的愿望执行时，还包括检查程序执行过程的细节，譬如循环的起始和终止条件是否正确，循环变量有没有因漫不经心而改错，特征标志位、过程参数是否准确无误，转移指令是否把控制流转到了正确位置。总之，上述每个细节都不能轻易放过。在开始检查逻辑时，就应注意这些问题。

调整模块时也可以使用分割技术检查程序错误。常采用的方法是在程序的不同地方设置断点，在断点处把程序运行的中间结果与预计结果相比较。例如，一个在测试过程中的程序调用另一个经过严格检查过的子程序，而此子程序出了故障，则应在调用此子程序的语句前设置断点，这样便可以弄清楚设置的过程参数是否正确。如果参数设置的不正确，就需要进一步分离出产生错误参数的原因。如果参数正确，再继续测试下面的程序，并在子程序返回处设置断点，以便检查子程序返回时的参数是否正确。

（2）算法调整

一旦确信程序按设计者的要求运行时，就可以着手查找最难发现的错误：算法错误，这些错误或故障都是由于算法的不准确或不完善而引起的。这些错误之所以特别难发现，是因为编程人员很可能总认为自己的算法是正确的，因而自然很少怀疑它。算法错误往往是对问题的定义不充分或不准确而产生的。在这种情况下，你所设计的程序只适用于一种特定的情形，而在检查程序时，很可能不是这种特殊情形。解决这类问题的唯一办法是必须使算法与规定情形相符。人们常容易在定义条件的边缘处产生算法错误。总存在一种针对某种典型数据设置算法的趋势。

我们很难给出分析算法错误的一般规则。但对算法错误的分析确实属于程序调试过程的一个组成部分。不过在调试程序之前也有可能把算法错误排除。算法是程序设计的基础，一个关键的算法错误可使整个程序瘫痪，因此应该强调：必须在设计过程中仔细地分析和验证算法而不要在执行过程中再去调整算法。

（三）程序优化

改进一个可以工作的程序的某些特性，这一过程叫作程序的优化。一个能够正常工作的程序的优化往往是改进某一方面而在另一方面付出代价，一般是没有多少"免费午餐"之类的美事。

首先需要说明一点：在完成程序设计之后再进行优化往往是一种浪费。在设计系统时，总要确定一定的目标，如果这些目标都已达到，优化工作很可能成为多余的事了，但如果没有达到设计目标，就必须进行优化。还应该记住一点：没有具体目标的优化和对一个本身就不正确的程序进行优化同样是浪费时间。

为达到各种目的而对程序进行优化，最常见的优化目的为：

（1）使系统价格降到最低；

（2）使执行时间减到最少；

（3）使占用的内外存空间减至最少；

（4）使系统研制时间减至最少；

（5）使调试程序的时间减至最少；

（6）最大限度地实现模块化（便于修改）。

这些目的之间大多数是互相排斥的。在评价别人编写的程序时，千万不要轻易地断言为"效率低"，因为别人编程目标可能和你的编程目标并不一致。稳妥的办法是根据程序要求和已定目标先做出一个正确而简单的初步设计。当证明该设计是可行的，就可以根据最主要的目标对程序进行优化。如果对所使用的计算机比较了解，且又遵循本书所介绍的编程步骤，那么最后设计出的程序在上述各方面一定都是比较合理的。如果是这样。可根据需要对程序各方面性能做出权衡与取舍。例如，若需改进程序执行时间，通常可以把子程序和循环都用顺序语句来代替。然而以后又需改变程序时你会发现提高程序的执行速度是以更多地占用存储空间和减少修改程序的方便程度作为代价的。

通常有两种优化途径。第一种是基本程序结构不变而在其中进行优化。第二种是对算法和基本结构进行调整以改善其性能。第二种途径比较彻底，常在重新设计系统时才采用它。采用第二种方法有可能对改动程序功能产生最大的效果，但需要付出较大的努力。如果在现存的程序结构中做些调整，就只能修改某些程序执行时的特点。你可以改变某些语句和取消循环以增加程序的执行速度，或者用接连的顺序语句取代子程序结构，以及用预先计算好的数值表代替一些计算程序，等等。如前所述，采取上述措施都是以占用更多存储单元和取消模块化特点作为代价的。如要节省存储单元而降低整个系统速度，则应采取与上述方法相反的措施。要想改进一个现成程序的效率，往往没多大用武之地。使用的计算机越好，改进程序效率的余地就越小。经验表明：为节省存储单元，一个专家经过一个小时努力可能会把初学者编制的程序减少 40%，但是他经几个小时的努力也不见得能节省另一位专家编制程序中的一个字节。真正重大的改进往往得益于发现新的算法。

以上我们只介绍了程序优化的基本思路，具体优化的方法，应在多读高质量的程序和自己的编程实践中体会与获取。

（四）系统转换及系统维护

1. 系统转换

一个新的数据处理系统一旦设计调试完成以后，就可以开始投入使用，取代原来的手工或半机械的处理系统，这一过程称为新旧系统的转换。系统转换通常采用平行转换的方法，即新旧两个系统同时运行，对照两者的输出，利用旧系统来检测和考核新系统。一般可分两步走，第一步以旧系统处理结果为正式作业，新系统处理结果只作校核用。第二步，以新系统处理结果为正式作业，旧系统处理结果作校核用。平行转换的时间视系统的规模和业务内容而定。转换工作不能急于求成，尤其对于较大的系统。转换不仅是作业处理方式的转换，而且是业务工作人员的转换，新配置的操作人员有一个培训过程，原来的工作人员有一个熟悉和适应新系统的过程。

通过系统转换期新旧系统着重点的转移，新系统才可交付使用，开始正式运行。设计完善的系统，在环境不发生重大变化的情况下，就能正常稳定运行下去。

2. 系统维护

具有一定规模的数据处理系统也具有一定的复杂性，因此在设计系统时潜在的缺陷也在所难免，这些潜在的缺陷在系统运行中发现就要加以修正，另外某些用户作业内容的变化也可能要求系统稍加改动，因此对系统必须加以维护。

除了改进系统的潜在缺陷外，系统修改的主要内容有：提高效率（运行速度或数据吞吐量）、增加控制功能（如处理某种意外情况）、增加加工功能、修改输出报告格式、改变数据结构、改变某些环境参数、增加某些安全保密措施等。

这些改进并没有一个固定的原则和统一的方法，但一定要避免由于互相矛盾的要求和互不一致的修改使系统变得混乱，必须严格按照一定的步骤来组织系统的修改工作，任何提出修改要求的人，都应填一份程序修改要求登记表，向主管人员说明修改的内容及原因。系统主管人员根据系统情况（功能、目标、效率等）和工作情况（人员、时间、经费等）考虑这种修改是否必要、可行、迫切，从而做相应的答复。对于决定要做的修改，主管人员要以书面形式向程序员下达任务，指明修改内容、要求和期限等。在指定的期限内，系统人员验收程序员所做的修改部分，证明修改是成功有效的，才可通过运行。

（五）系统运行情况的评价

系统运行情况的评价又叫系统审计，审计工作是在平时管理工作的基础上，集中对系统进行分析和评价。其目的是检查系统是否达到了预期的目标，检查系统中各种资源的利用率，确定系统的改进和扩展方向。

这项工作有时由系统主管人员组织进行，有时由上级组织外来专家进行。这项工作需要有丰富的系统工程知识和经验。

进行审计工作，主要是利用平时系统运行记录对系统进行分析，也可以进行现场观察或测试。例如，用某种意外情况测试系统的可靠性等。

审计工作通常应考虑如下问题：

（1）系统总的效率的考察：业务人员对系统的总的印象如何？如果不满意，原因何在？输出报告的实用性如何？精度是否够？能否及时提供？有没有不正确的或业务中不需要的信息？系统的操作是否方便？影响工作效率的环节何在？系统故障情况如何？修复时间多长？各种设备可靠性如何？对系统有哪些修改要求？

（2）费用考察：是否雇用了编外人员？是否花费了不必要的开支？外界环境的变化是否影响了开支？

（3）系统可靠性考察：各种步骤上的检查校核措施是否完善？是否得到确实执行？系统的安全保密措施是否健全？对于各类意外情况，是否有预防措施？有怎样的应急计划？后备设备的状态如何？系统的定期核对是否认真执行？系统的修改工作是否有计划有组织地进行？

（4）输入输出工作情况考察：人员和设备是不足还是富裕？输入数据的准确程度如何？有怎样的检验措施？输出手段是否满足要求？终端使用率如何？

以上只列出了审计工作的一般内容，实践表明，审计工作要求审计人员具备大量的实践经验和信息系统的知识，才能在对比中发现系统的缺点和弱点，做出公正的、切合实际的评价。

参考文献

[1] 赵永泽.基于物联网的计算机网络安全分析 [J].网络安全技术与应用，2022（07）：130-132.

[2] 钟锡宝，阮丽梅，孙祖德.计算机网络安全技术问题探讨与应用 [J].数字通信世界，2022（06）：141-143.

[3] 庞凯中.信息化时代下计算机网络安全问题的探讨 [J].网络安全技术与应用，2022（06）：155-157.

[4] 程宏英.大数据时代计算机网络信息安全与防护研究 [J].网络安全技术与应用，2022（06）：160-161.

[5] 陈杰.计算机网络安全技术的影响因素研究 [J].网络安全技术与应用，2022（04）：163-164.

[6] 李浩铭，乔桂林.大数据时代计算机网络安全技术应用分析 [J].网络安全技术与应用，2022（03）：70-71.

[7] 汪莉.计算机网络安全问题及其防范措施 [J].网络安全技术与应用，2022（03）：171-172.

[8] 崔领科，李聪冉，郭非，等.物联网计算机网络安全及其远程控制技术 [J].长江信息通信，2022，35（02）：156-158.

[9] 王魏，赵奕芳.大数据时代计算机网络信息安全及防护策略 [J].中阿科技论坛（中英文），2022（01）：72-75.

[10] 田扬畅.计算机网络安全防范技术的研究和应用 [J].普洱学院学报，2021，37（06）：31-33.

[11] 韩春梅.大数据时代计算机网络信息安全问题分析 [J].襄阳职业技术学院学报，2021，20（06）：98-100+104.

[12] 林永.数据挖掘技术在计算机网络安全维护中的应用 [J].长江信息通信，2021，34（10）：143-145.

[13] 王琛灿，徐杨斌，范乙戈，等．计算机网络安全防御系统的实现及关键技术探析 [J].网络安全技术与应用，2021（05）：20-22.

[14] 童瀛，姚焕章，梁剑．计算机网络信息安全威胁及数据加密技术探究 [J].网络安全技术与应用，2021（04）：20-21.

[15] 尹若仪．基于计算机编程软件 MATLAB 在数据处理方面的应用 [J].电子技术与软件工程，2021（06）：34-35.

[16] 翁春荣．基于大数据背景的计算机信息处理技术 [J].电子技术与软件工程，2020（23）：185-186.

[17] 胡其荣．大数据时代的计算机信息处理技术研究 [J].信息与电脑（理论版），2018（21）：37-39.

[18] 林月．计算机软件在误差理论与数据处理问题中的应用 [J].信息与电脑（理论版），2017（02）：147-148.

[19] 赵乌吉斯古楞．计算机数据采集与处理技术 [J].信息与电脑（理论版），2016（04）：44+51.

[20] 崔天明．独立学院《计算机数据处理》课程的教学探索与实践 [J].中国信息技术教育，2014（18）：12+14.

[21] 樊洋，姚陆锋．计算机辅助数据处理在大学物理实验中的应用 [J].实验室科学，2013，16（06）：48-49.

[22] 郭涛，杨悦．计算机在大学物理实验数据处理中的应用 [J].才智，2012（13）：35.

[23] 徐秋华，龚雷萌，燕山．计算机：数据处理的应用 [J].上海生物医学工程，1998（04）：60-63.

[24] 王震．计算机网络安全的入侵检测技术分析 [J].中国信息化，2021（12）：61-62.

[25] 宋佩阳．计算机网络安全的威胁因素与防范策略 [J].网络安全技术与应用，2021（11）：162-163.

[26] 朱亚兵．计算机网络安全问题及防范策略 [J].产业与科技论坛，2021，20（21）：31-32.

[27] 刘艳.计算机网络信息安全及其防火墙技术应用 [J].互联网周刊,2021（19）：43-45.

[28] 成国名.计算机网络信息安全影响因素及防范措施 [J].中国科技信息，2021（18）：59-60.

[29] 韩春杨.计算机网络安全技术在网络安全维护中的应用 [J].电子技术与软件工程，2021（17）：245-246.

[30] 陈燕.计算机网络信息安全风险评估标准与方法研究 [D].青岛：中国海洋大学，2015.